N&K

Florian Werner

Helium und Katzengold

92 elementare Geschichten

Nagel & Kimche

Al, B, C, Dy, Eu, F, Ge

Die Symbole für die Elemente, aus denen sich unsere Welt zusammensetzt, bilden auch die Grundbausteine unserer Sprache. *Helium und Katzengold* versammelt zweiundneunzig Texte, für jedes auf der Erde vorkommende Element einen. Erzählungen reagieren mit Bildgedichten, dramatische Szenen mit Kürzestprosa, Wörter explodieren oder zerfallen. Die Ordnungszahl und das Elementsymbol geben dem jeweiligen Text seinen Namen, die Eigenschaften, Anwendungsmöglichkeiten oder Entdeckungsgeschichte des Elements bilden seinen narrativen Kern. In den Geschichten auftauc**H**ende Elementsymbole weisen auf verwandte oder weiterführende Texte hin. So bildet sich, parallel zum chemischen Periodensystem, eine neue, assoziative Ordnung: ein periodisches System der Textelemente.

Eines jedoch haben alle hier versammelten Episoden gemeinsam: Sie handeln nicht nur von den Elementen, sondern auch und vor allem von elementaren Erfahrungen des Lebens. Sie erzählen von Geburt, Tod und Zahnschmerzen, von schmutzigen Wörtern und Wasserstoffbomben, von Übervätern und Erdmüttern, von fliegenden Priestern und fleischfressenden Pflanzen, von Werwölfen und Wetterhähnen, von depressiven Katzen und Mäusen, die auf dem Tisch tanzen. Und immer wieder vom Cowboy, der sich ein Bett bauen will und doch so weit weg ist von zu Hause und dem Hefeteig seiner Verlobten.

Anmerkungen am Ende der Episoden informieren über die wichtigsten Eigenschaften der Elemente. Ihre Anordnung folgt, wie im klassischen Periodensystem, der Elektronenkonfiguration, von H : Wasserstoff bis U : Uran.

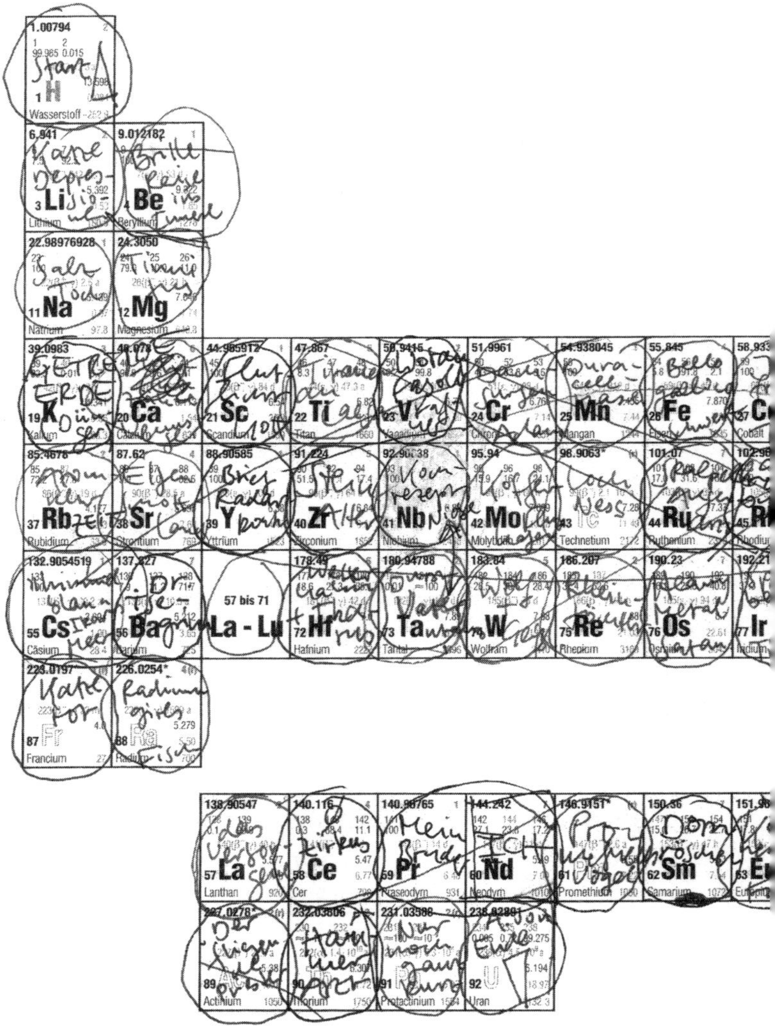

Start
Salz
Brille
Katze
Radium
Brief
Ich
Mein Bruder

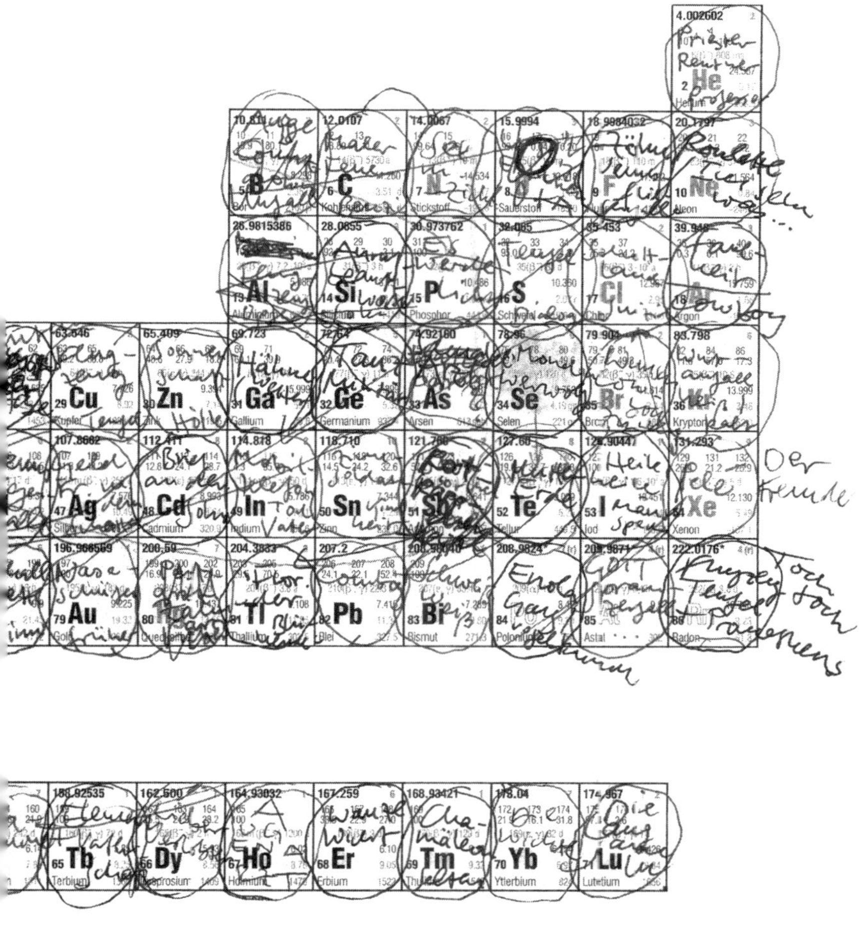

He
B C N O F Ne
Al Si P S Cl Ar
Cu Zn Ga Ge As Se Br Kr
Ag Cd In Sn Sb Te I Xe
Au Hg Tl Pb Bi Po At Rn
Tb Dy Ho Er Tm Yb Lu

$_1H$

Z
eh
nn
eu
na
cht
sie
ben
sec
hsf
ünfvi
erdre
izweiei
nsn$_{92}$**U**ll

H : Hydrogen : Wasserstoff : das am häufigsten vorkommende Element im Universum. Wird als Raketentreibstoff verwendet.

$_{2}$He

Am zwanzigsten April, einem Sonntag, setzte sich der fliegende Priester in seiner Heimatstadt Paranaguá auf einen Stuhl, an den er zuvor tausend gasgefüllte Ballons gebunden hatte, sprach, so steht bei einem katholischen Geistlichen zu vermuten, ein finales Gebet und ließ sich dann von der bunten Traube gen Himmel ziehen: näher, mein Gott, zu Dir.

Etwa zur selben Zeit stand ein älterer, untersetzter Mann mit Lodenmantel, Breitcordhose und Gamsbartimitat am Hut auf einem Stadtteilfest in einem nordwestlichen Randbezirk von Berlin und verpulverte seine gesamte Monatsrente bei dem Versuch, mit einem Luftgewehr tausend Ballons zu zerschießen, um für seinen Enkel den riesigen blauen Teddybären zu gewinnen, der in einer Schießbude als Hauptgewinn oben links in der Ecke hing; wobei er sich vorstellte, dass die Luftballons das Herz seines Schwiegersohns wären, das Gewehr ein Gewehr und der Teddy das Herz seiner treulosen Tochter, na ja, immerhin hatte sie ihm einen Enkel geschenkt, das war aber auch das einzig Gute, was man über sie sagen konnte.

Etwa fünfhundertfünfzig Kilometer weiter südlich kniete derweil ein sichtlich verwirrter Professor der Universität Tü$_{83}$Bingen vor einem dahergelaufenen Hund am Wegesrand, ließ sich von dem Tier die Hand ablecken und erzählte ihm den Mythos von Ikarus; wobei er sich vorstellte, dass er selbst der tragische Held der Geschichte wäre, seine Ehe das Labyrinth, der einzige Ausweg der Sprung ins Wasser oder in den Wahnsinn, und dass der Hund, der ihn aufmerksam anhechelte, jedes seiner Worte verstünde: *Da erblickte er die Federn in den Wellen und verfluchte seine Künste und barg den Körper in einem Grab.*

Am Abend des zwanzigsten April brach der Funkkontakt mit dem fliegenden Priester ab, nachdem unerwartet aufkommende nordwestliche Winde ihn aufs offene Meer getrieben hatten. Zwei Tage später entdeckte die Küstenw89**Ac**he Ballonfetzen, die im Atlantik trieben.

He : Helium : nach Wasserstoff das zweithäufigste Element im Universum. Wird unter anderem als Traggas für Ballons und Luftschiffe verwendet.

$_3$Li

Wenn die Katze aus dem Haus ist, tanzen die Mäuse auf dem Tisch. Die Feldmäuse tanzen Ländler, die Sumpfklettermäuse bevorzugen verschwitzten Südstaatenrock. Die Wühlmäuse vergraben sich beim Engtanz in den Armen ihrer Partnerin, die Rennmäuse stehen auf Techno. Wenn die Katze nach Hause kommt, hört sie schon von Ferne das Dröhnen der Lautsprecherboxen. Sie hört das schrille Lachen, das rhythmische Scharren der Krallen, das erschreckte Fiepen, wenn ihr Kommen bemerkt wurde. Sie hört das hastige Zurechtrücken von Mobiliar, dann eine Stille, tief wie ein Mauseloch, das bis ins Innerste der Erde führt. Ihre Einsamkeit ist in solchen Momenten so groß, dass sie die Katze zu verschlingen droht. Wenn die Mäuse auf dem Tisch tanzen, möchte die Katze gern Mäuslein sein.

Li : Lithium : Leichtmetall. Wird in Form von einigen seiner Salze zur Behandlung von Schizophrenie und depressiven Störungen eingesetzt.

$_{4}$Be

Herkömmliche Brillen haben den Nachteil, dass sie uns die Welt mit all ihren Fehlern in unerträglicher Klarheit vor Augen führen. Dieses neuartige Modell bewirkt exakt das Gegenteil: Die Linsen aus sandgestrahltem Milchglas legen einen gnädigen Schleier über die Welt. Zugleich lassen sie dank ihrer doppelt konkaven Wölbung die Umgebung in unendliche Ferne rücken. Selbst Menschen mit perfekter Sehschärfe werden mit Hilfe dieser Brille einen gesunden Abstand zu den Dingen gewinnen.

Sie werden, während die Welt um sie he$_{44}$**Ru**m verschwimmt, einen umso klareren Blick auf sich selbst erlangen. Sie werden sich endlich erkennen. Und dann, fasziniert von ihrem Inneren, werden sie die Augen schließen, das Gestell von der Nase nehmen, die Gläser aus ihren Fassungen drücken und sie, zunächst noch zögernd, dann immer hastiger, verzehren. Wie Oblaten liegen die Linsen auf der Zunge, kühl, geschmacklos. Der erste Biss ist der schwerste, sobald die Zunge blutet, geht das Schlucken fast von allein. Sehen Sie das Zäpfchen, die Speiseröhre, den Magen? Lassen Sie die Augen geschlossen, die Reise hat erst begonnen.

Be : Beryllium : giftiges Metall, das unter anderem im Halbedelstein Beryll vorkommt. Da Beryll früher zu Augenlinsen geschliffen wurde, ist unser Wort *Brille* von ihm abgeleitet.

5B

Als der Unfall passierte, dachte der Unternehmer über die Trophäe nach. Wo sollte er sie aufstellen? Der Hausflur wäre ideal, weil selbst flüchtige Besucher sie dort unweigerlich zu sehen bekämen. Schon Thomas Mann, von dem er nie etwas gelesen hatte, der ihm aber aufgrund seines virilen Nachnamens ein gutes Vorbild zu sein schien, hatte sein Exemplar, wie der Unternehmer aus dem Fernsehen wusste, am Eingang platziert: den Oberkörper aufgerichtet, die Zähne gefletscht, eine hölzerne Schale in den nach vorn gereckten Tatzen, für die Visitenkarten der Besucher. Heutzutage gab zwar kein Mensch mehr seine Karte ab, wenn er ein Haus betrat; und seitdem seine Frau ausgezogen war, kamen sowieso kaum noch Gäste. Aber er konnte ja auch Erdnüsse in die Schale tun, oder Gummibären. Der Gedanke gefiel ihm: ein ausgewachsener Braunbär, der Gummibären anbot. Bären, die selber Schalen in den Tatzen hielten, so klein, dass man sie mit bloßem Auge kaum erkennen konnte, mikroskopisch kleine Schüsseln, in denen sich wiederum Bären befanden, die Schalen in den Tatzen hielten, die …

Der Unternehmer gähnte, schüttelte den Kopf und öffnete das Seitenfenster. Ein Auto näherte sich von hinten, das erste seit langem, seine Scheinwerfer blendeten ihn. Er beugte sich vor, klappte den Rückspiegel nach unten, und für einen Moment erhaschte er einen Blick auf sich selbst: wehendes Haar. Tollkirschaugen. Eine Christophorus-Plakette am Schlüsselbund, eine Flasche mit Hausbrand auf dem Beifahrersitz und ein Gewehr im Gepäck: Seine Frau wusste nicht, was sie verpasste. Sie kletterte immer noch brav auf der Leiter, verbissen. Sollte sie doch. Er für sein Teil hatte losgelassen.

Ein schmutziggelber Nachtfalter flatterte ins Scheinwerferlicht und wurde größer, ein verwittertes Straßenschild: *Gura Humorului 30 km*. Dort, das wusste der Unternehmer, gab es ein Hotel. Im Hotel gab es ein auf seinen Namen reserviertes Zimmer, in diesem Zimmer ein Bett, und in diesem Bett würde er in einer halben Stunde liegen, so sicher und geborgen wie das Püppchen im Innersten einer Matrjoschka. Oder wie ein Bär in den Tatzen eines Bären in den Tatzen eines sehr, sehr großen Bären, und dieser Bär stand im Flur seines Hauses, direkt am Eingang neben der Garderobe.

Der Bär war ein Geschenk der Zwillinge, oder besser gesagt: seiner neuen Geschäftspartner, der Unternehmer hatte sie im Herbst zuvor in den Karpaten kennengelernt. Die beiden trugen nicht nur Namen wie rumänische Wilddiebe, sie sahen auch so aus: wettergegerbte, leicht aufgeschwemmte Gesichter. Selbstgestochene Arm- und Oberkörpertätowierungen, die unter für sein Stilempfinden etwas zu weit aufgeknöpften Holzfällerhemden hervorlugten. Schulterlanges schwarzes Haar, das der eine offen und der andere als Zopf trug, zum Glück, denn nur so konnte er die beiden unterscheiden.

In Deutschland, dachte er, würde man mit solchen Typen keine Geschäfte machen. Und wenn seine Tochter – eine hypothetische Größe, an der der Unternehmer den Charakter aller Männer im heiratsfähigen Alter maß – mit einem solchen Karpatenwindhund ankäme, würde es eine Gardinenpredigt geben, dass die Goldkante rauschte. Aber hier in Rumänien war eben alles etwas anders, neue Märkte erforderten neue Maßstäbe, und wenn er es in Osteuropa zu etwas bringen wollte, musste er die Berührungsängste, die er vor tätowierten Männern mit Schusswaffen hatte, endlich ablegen. Zumal die Zwillinge zwar auf den ersten Blick wie Wilddiebe aussehen mochten, es zum Glück aber nicht waren: Hinter ihren Tatarenfassaden verbargen sich gutbürgerliche, am westeuropäischen Werbefernsehen geschulte Wertvorstellungen, und darüber hinaus hatten sie hervorragende Kontakte zur Forstverwaltung in Suceava.

Lange genug hatte sich der Unternehmer mit der Organisation von Bildungsreisen nach Osteuropa abgeplagt, nicht zuletzt aus dem diffusen Gefühl heraus, dass die Kunstgeschichtevorlesungen, die er neben seinem BWL-Studium gelegentlich besucht hatte, doch für irgendetwas gut gewesen sein mussten. *Brain-Tours*, der anmaßende Name seines Unternehmens war Programm gewesen, mit ihm hatte er ein junges, urbanes Publikum für Pauschalbildungsreisen in entlegene Regionen Osteuropas begeistern wollen, doch die Rechnung war nicht aufgegangen. Sein tatsächlich recht beachtliches Fachwissen über *Tugenddarstellungen auf spätmittelalterlichen Fassadenfresken in der südlichen Bukowina* – ein Thema, zu dem der Unternehmer einst ein Hauptseminar besucht hatte – konnte letztlich nicht sein beachtliches Unwissen über die Reisegewohnheiten eines jungen, urbanen Publikums aufwiegen, und die zwei Busse, die er einem Kaffeefahrten-Anbieter zu einem vermeintlichen Spottpreis abgekauft hatte, fuhren zunächst spärlich besetzt die vorgesehenen Routen ab und blieben schließlich leer in Deutschland stehen, bis der Unternehmer den Betrieb dichtmachen und erleben musste, wie seine Busse Insolvenzmasse wurden.

Aus Trotz verordnete er seiner Frau und sich im Herbst darauf einen ausgedehnten Bukowina-Urlaub und klapperte all jene Orte ab, die seine ausgebliebenen Kunden verpasst hatten: den jüdischen Friedhof von Czernowitz, wo Grabsteine mit hebräischen, kyrillischen und deutschen Inschriften zwischen Unkraut, Glasscherben und antisemitischen Schmierereien verschwanden. Die kaiserlich-königlichen Salzminen von Cacica, wo Grubenarbeiter unter den Ausläufern der Karpaten eine Kirche in den Salzstock gehauen hatten, glitzernde Reliefs, ja sogar einen Tennisplatz. Und schließlich, der Höhepunkt, das befestigte Kloster von Sucevița. Mächtig wachten seine Außenmauern über dem Eingang zum Tal, im Norden wölbte sich ein Hügel, auf dessen Spitze man im Licht der untergehenden Sonne ein Kreuz erkennen konnte. Den Klosterkomplex betrat man durch ein riesiges hölzernes Tor.

Die Nonne an der Kasse war hübsch, herb und sichtlich gelangweilt und quittierte das locker dahingeworfene *Cât costă?* des Unternehmers mit einer müden Geste auf das Schild mit den Eintrittspreisen und einem routinierten *drei Lei*. Der Unternehmer zahlte, ärgerte sich über die vereitelte Chance, seine Frau mit seinen rudimentären Rumänischkenntnissen beeindrucken zu können, doch lange hatte er dafür keine Zeit, denn als er aus dem Halbdunkel des Torgewölbes in den Innenhof trat, verschlug es ihm den Atem.

Die Tugendleiter! Vor grünblauem Hintergrund erstreckte sie sich beinahe über die gesamte Höhe der Kirche, von der untersten Sprosse, der Demut, bis zur obersten, der Weisheit, und dann geradewegs in den Himmel. Obwohl, ganz so geradlinig, wie es auf den ersten Blick scheinen mochte, war der Weg dorthin nicht. Auf die zunehmend älter werdenden Herren, die die himmlische Kirschbaumleiter erklommen, warteten mannigfache Gefahren, ein ganzes Geschwader geflügelter Teufel befand sich bereits im Anflug, um strauchelnde Sünder in die Tiefe zu zerren und in einen nimmersatten Höllenschlund zu stopfen wie abgeschnittene Äste in einen Schredder. Verzweifelt klammerten sich die Fehlgegangenen an der Leiter fest, doch vergeblich: Die Versuchung war zu groß, das Fleisch zu schwach, und die diabolischen Fratzen, die die Teufel auf ihren Bäuchen trugen, lachten.

«Komisch», sagte der Unternehmer, den Blick unverwandt auf das Fresko gerichtet: «Eigentlich sollten solche Darstellungen doch dem einfachen Volk einen tugendhaften Lebenswandel schmackhaft machen. Aber wenn man sich das Himmelreich hier so anschaut, all diese gleichgeschalteten Engel, die den lieben langen Tag in Reih und Glied flattern müssen und Gott preisen – und wenn man im Vergleich dazu das Reich des Teufels betrachtet, diese fidele Gegend hier unten, wo sogar die Körper was zu lachen haben … dann möchte man am liebsten in die Hölle kommen. Oder? Sag doch auch mal was, Bienchen», sagte der Unternehmer etwas lauter und einen Kosenamen für seine Frau gebrauchend, der eigentlich zur Beschwichtigung bei Streitigkeiten reserviert war, und wandte sich, als sie immer noch nicht reagierte, nach ihr um.

Seine Frau war nirgends zu sehen. Dafür stand dort, wo sie eben noch gewesen war, ein Mann von vielleicht vierzig Jahren. Er hatte langes, schwarzes Haar, schien dem Unternehmer bereits eine Weile zugehört zu haben und blickte ihn nun halb amüsiert, halb verständnislos an. «Bienchen?», fragte er: «So hat mich schon lange niemand mehr genannt. Hast du gehört?»

«Klar hab ich gehört», antwortete eine Stimme hinter dem Unternehmer, der eilig beiseite trat und sich umdrehte. Der Anges59Prochene glich dem Mann, den der Unternehmer Bienchen genannt hatte, aufs Haar. Das heißt, nein, das Haar trug er zu einem Zopf gebunden, aber ansonsten war er ihm wie aus dem Gesicht geschnitten. Er blickte den Unternehmer prüfend an, dann hob er den Zeigefinger und wa60Ndte sich an seinen Bruder. «Der deutsche Kunstlehrer ist verliebt in dich.»

«Aber nein», der Unternehmer lachte verlegen. Wenn er in

irgendjemanden verliebt sei, dann höchstens in seine Frau; ob sie die übrigens gesehen hätten? Gerade eben sei sie noch hier gestanden, nun, vermutlich sei sie ins Museum gegangen oder zum Souvenirshop, wie auch immer, er müsse jetzt wirklich …

«Du hast eine Frau?» Der Mann mit den offenen Haaren hakte die gespreizten Finger ineinander und drückte die Handflächen nach außen, dass die Knöchel knackten. «Versprichst mir die Hölle auf Erden, nennst mich Bienchen und willst mich dann stehenlassen wie kalte Tasse Tee? Weißt du, was passiert, wenn du mich an der Nase bohrst?»

«Nein», sagte der Unternehmer und schüttelte den Kopf, als würde eine rhetorische Frage eine doppelte Verneinung verdienen.

«Wenn du mich an der Nase bohrst», wiederholte der Mann, «mache ich Pferdekarren aus dem Sarg deiner Mutter.» Und während der Unternehmer ihn noch verdutzt anstarrte und überlegte, ob er die Nonnen zu Hilfe rufen oder besser gleich die Flucht ergreifen sollte, brachen seine Gegenüber in Gelächter aus.

Nichts für ungut, sagten sie, sie hätten sich einfach nur gefreut, mal wieder Deutsch zu sprechen; und als er da so allein vor der Kirche gestanden und mit sich selbst geredet habe, sei er ihnen gerade recht gekommen.

Und dieser Satz mit dem Sarg?

Ah, das sei ihre absolute Lieblingsbeleidigung, solche Sachen lerne man, wenn man in deutschen Schnellfressfilialen hinterm Tresen stehe, viele schöne Flüche und Sätze wie *Möchten Sie das als Maxi-Menü?* oder *Zum Hieressen?* Klar, ein Scheißjob, aber gut bezahlt, zumindest im Vergleich zu Rumänien. Aber diese Zeit sei jetzt ja endlich vorbei, nun, da das Land in der EU sei, dürfe man nicht länger warten, sondern müsse sich auch mal vorne anstellen, *proaktiv* tätig werden, ja die Zwillinge sprachen tatsächlich von *Projekten*, die sie am Laufen hatten, offenbar waren sie in Deutschland nicht nur in Fast-Food-Restaurants gewesen, sondern auch an den Wasserlöchern der New Economy, oder redete man jetzt überall so?

Zumindest an der Bar des Hotel Bucovina wurde an jenem Abend so geredet: Die Zwillinge luden den Unternehmer auf ein Glas Ţuika ein, seine Frau, die tatsächlich nur auf der Suche nach einer Toilette gewesen war, kam mit, ging aber nach einer halben Stunde schnaps- und testosterongeschwängerter Männerbündelei aufs Zimmer. Aus dem Glas Ţuika wurden sieben, aus dem Vollrausch Unternehmergeist, und am Ende des Abends hatte tatsächlich ein Projekt Konturen angenommen, das die neuen Geschäftspartner ans vordere Ende der Warteschlange bugsieren und umgehend reich machen sollte.

Eigentlich war alles ganz einfach: Der Unternehmer sollte zahlungskräftige deutsche Jäger nach Rumänien locken. Die Zwillinge sollten hungrige rumänische Braunbären vor die Büchsen der Jäger locken. Mehr als fünftausend Exemplare gab es noch in den Karpaten, mehr als irgendwo sonst in Europa, und ab dem kommenden Frühjahr sollten auch sie an der EU-Osterweiterung teilhaben dürfen und wieder überall auf dem Kontinent heimisch sein. Zumindest ihre Überreste. Jeder Schütze sollte nämlich nicht nur das Fell des erlegten Tiers erhalten, sondern, quasi als Dreingabe, gleich den ganzen Bären, ausgestopft, Lieferung frei Haus. Das war das Alleinstellungsmerkmal, welches das Unternehmen von anderen Jagdveranstaltern abheben sollte; *Ruhm & Bären*, so sollte es heißen. Das erste Tier aber sollte dem Unternehmer gehören, auf Kosten der Zwillinge und zur beruflichen Weiterbildung, wie sie sich ausdrückten. «Damit du, wenn du Jäger anlockst, nicht redest wie Jungfrau vom Kind», sagte der Bezopfte.

«Papst vom Licht», verbesserte sein Bruder.

«Blinder vom Sex», sagte der Bezopfte, und dann lachten die Zwillinge wieder ihr Geysirlachen, ein Ausbruch von Freude und Körperflüssigkeiten, wie der Unternehmer ihn schon lange nicht mehr erlebt hatte, und als er ins Hotelzimmer kam, schlief seine Frau schon, und er tastete sich ins Bad, zog dort seinen Pyjama an und löschte, bevor er die Tür wieder öffnete, das Licht.

Zwei Scheinwerfer aus dem Dunkel, schnell näherkommend, ein Hupen. Arschloch. Oder hatte er vergessen abzublenden? Tatsächlich. Besser abgeblendet lassen, auf solche Feinheiten konnte der Unternehmer sich in seinem jetzigen Zustand nicht mehr konzentrieren. Einen Augenblick lang kam es ihm vor, als säße er auf dem Rücksitz, wie heute morgen. Kälte. Dunkelheit, ein neuer SUV süddeutschen Fabrikats. Erst vom Holpern des Wagens auf dem Waldweg war er wieder erwacht.

Der Fußmarsch zum Luderplatz, der Bezopfte voran, der Blick auf seine Stiefel. Fauliges Laub, junge Triebe, hin und wieder eine Kröte. Als sie auf die Lichtung traten, befleckten die ersten Sonnenstrahlen die Baumwipfel. Am südlichen Rand, im Unterwind, stand ein notdürftig zusammengezimmerter Hochsitz. Hier hatten die Zwillinge den Bären angefüttert.

«Kunstlehrer zuerst», sie ließen ihm den Vortritt. Das kalte, feuchte Holz der Sprossen, er musste aufpassen, dass er nicht abrutschte. Während sein Fuß nach der nächsten Stufe suchte, klammerte er sich mit beiden Händen an den Holmen fest. *Demut. Armut. Sorge. Liebe. Weisheit.* Geschafft. Wenn man zusammenrückte, bot der Himmel drei Personen Platz.

Warten. Rauchen. Ţuika aus einer Plastikflasche, gegen die Kälte. Nicht einschlafen. Nicht reden. Mehr Ţuika.

Das Rauschen der Buchen. Ein Schatten gegen die grüngrauen Stämme. Ein Ellenbogen wurde ihm in die Seite gerammt.

«Siehst du?», flüsterte der Bezopfte. «Dicker Brummer. Vierhundert Punkte, mindestens.»

«Ein echtes Maxi-Menü», sein Bruder kicherte. «Mit Ketchup oder Mayo?»

Der Geruch des Gewehrs, Öl, Metall, Schießpulver. Die Kühle an Händen und Wange. Der Lauf wurde wärmer, nahm seine Körpertemperatur an, bis er ein Teil von ihm war, eine Prothese; bis der Unternehmer eine Verlängerung des Gewehrs war und alles, was er sah, eine braungraue Fläche am anderen Ende des Fernrohrs. Das Fell des Bären. Der nichts ahnte, nichts roch. Der nicht wusste, dass er bald in einem deutschen Hausflur stehen und eine Schale mit Gummibären präsentieren würde.

Wieder ein Nachtfalter, diesmal rot und direkt vor ihm. Der Unternehmer riss den Gewehrlauf, das Steuer zur Seite. Ein Rückstoß, ein Knall. Der Airbag explodierte und presste ihn mit Macht in den Sitz seines Autos.

Für den Fall seines Todes hatte der Unternehmer sich stets vorgenommen, an seine Frau zu denken. Mit ihrem Bild im Gedächtnis und ihrem Namen auf den Lippen wollte er sterben, das war er seiner Frau, wie er fand, nach zwölf Jahren Ehe schuldig; und so flüsterte er nun, in jenen endlos scheinenden Sekunden, in denen sich sein Auto um die eigene Achse drehte: Bienchen, Bienchen, warum hast du mich verlassen?

Warum? Nun, das konnte er sich denken. Nein, die Frage war nicht, warum seine Frau ihn verlassen hatte, sondern warum sie nicht zurückgekommen war; das war eine Konsequenz und Stärke, die er ihr nicht zugetraut hätte. Er sah sie noch im Hausflur stehen, verlaufenes Kajal auf den Wangen, die Reisetasche in der Hand. Er hörte sie sagen, erst wenn der letzte Pflaumenschnaps gesoffen, der letzte Braunbär abgeknallt und der Unternehmer wieder halbwegs bei Verstand sei, brauche er sich wieder bei ihr zu melden. Er spürte, wie sie einen Schritt auf ihn zutrat, und wusste, dass er in diesem Moment etwas hätte tun sollen, sie umarmen, festhalten. Stattdessen war er regungslos stehen geblieben, stumm, wie ausgestopft, tot.

Doch er blieb am Leben. Und als er von dem erschlafften Airbag befreit auf der Beifahrerseite aus dem Wagen kletterte, galt seine erste Sorge dem Auto. Mit dem Heck in Fahrtrichtung hing es im Straßengraben, die Fahrertür eingedrückt, die Nase mit den zersplitterten Frontscheinwerfern ragte trotzig in die Höhe. Die Augen ausgestochen, dachte er; aber nein, so sehr er sein Auto auch liebte, man durfte Maschinen nicht vermenschlichen. Apropos. Der Unternehmer betastete seinen Körper, wie man vor Verlassen des Hauses prüft, ob man an alles gedacht hat. Brieftasche, Schlüssel, Mobiltelefon. Oberschenkel, Brustkorb, Arme: Alles da, alles dran, nur seine linke Hüfte schmerzte ein wenig. Nicht der Rede wert. Nein, es ging ihm gut, er war unversehrt, sogar wieder halbwegs nüchtern. Was war eigentlich passiert? In diesem Moment hörte der Unternehmer das Schnauben.

Es war vielleicht zehn, fünfzehn Meter entfernt. Der Himmel über dem Horizont war matt erleuchtet, die Lichter von Gura Humorului, die sich in den Wolken spiegelten, aber um ihn herum war alles dunkel. Mit behutsamen Schritten ging er in Richtung des Schnaubens, das von Mal zu Mal dringlicher wurde. Ein ungefähr zwei Meter hoher Kasten zeichnete sich schwarz gegen den milchigen Himmel ab, als der Unternehmer auf ihn zuging, spürte er etwas Weiches unter den Füßen. Er blieb stehen, trat auf der Stelle, fuhr mit dem rechten Fuß über den Boden. Heu. Der Wagen musste beim Unfall umgekippt sein und seine Ladung verloren haben. Das Pferd, das ihn gezogen hatte, lag wenige Meter weiter, schnell atmend, halb von ihm verdeckt.

Bevor er nach Rumänien gekommen war, hatte der Unternehmer Pferdewagen stets für eine Erfindung deutscher Reiseprospekte gehalten. Doch wie die meisten Besucher hatte er schnell bemerkt, dass sie vor allem in den ländlichen Regionen eine Realität darstellten, und nach den ersten Tagen und einigen Dutzend Digitalfotos hatte sich der exotische Reiz dieses Motivs auch schon verflüchtigt. Bevorzugtes Gesprächsthema zwischen ihm und seiner Frau war nun die Gefahr für den Straßenverkehr gewesen, die von diesen Fuhrwerken ausging: Hier unbeleuchtete Karren mit dem Segen des Popen als einziger Fahrsicherheit, dort Limousinen mit automatischem Gurtstraffer, ABS und Airbag, Mittelalter und einundzwanzigstes Jahrhundert trafen mit Karacho aufeinander, zwei Welten auf einer Fahrbahn, wie konnte das gutgehen?

Es ging eben nicht immer gut, wie der Unternehmer nun feststellte. Das Mobiltelefon in der Hand, wahllos Tasten drückend, um die Beleuchtung des Displays am Laufen zu halten, suchte er die Straße ab, bis in dem bläulichen Schimmer eine Hand auftauchte. Ein Arm, ein Körper. Der Kutscher lag fast zwanzig Meter von seinem Wagen entfernt, der Zusammenstoß musste ihn vom Bock katapultiert haben. Verrenkt wie die Sünder, die von der Tugendleiter stürzten, lag er auf dem Boden, die Arme von sich gestreckt, das Gesicht auf der Seite, als lauschte er am Asphalt. Der Unternehmer ergriff seine Hand, tastete mit einer Routine, die ihn selbst überraschte, nach dem Puls und erschrak über die Erleichterung, die er empfand, als er feststellte, dass der Mann tatsächlich tot war. Als würde von einem Toten wenigstens keine Anklage, keine Schuld ausgehen. Als wäre der Tod der einzig angemessene Abschluss für einen solchen Unfall. Ein Schnauben riss ihn aus seinen Gedanken.

Der Unternehmer ging langsam zurück, vorbei an dem Pferd, vorbei am umgestürzten Wagen, durch Heu und Scherben zu seinem Auto. Er öffnete die Hintertür. Er löste die Verriegelung der Sitzbank, klappte eine Hälfte nach vorn und suchte im Dunkel des Kofferraums nach dem Leinenbeutel. Er bekam einen Zipfel zu fassen, zerrte ihn aus dem Auto, setzte sich auf die warme Motorhaube und löste die ledernen Riemen.

Obwohl er es erst seit wenigen Wochen besaß, fühlte sich das Gewehr bereits vertraut an; es in der Hand zu halten war wohltuend, belebend, wie wenn in einen eingeschlafenen Arm das Gefühl zurückkehrt. [28]Nicht zuletzt der heutige Morgen hatte sie zusammengeschweißt. Auch wenn sein Schuss den Bären nur gestreift hatte. Auch wenn die Zwillinge den Unternehmer daraufhin verflucht hatten, auf Rumänisch, er hatte kein Wort verstanden, was aber, wie die Zwillinge ihm später versicherten, für ihre weiteren Geschäftsbeziehungen auch das Beste war. Auch wenn der Bezopfte sich beim hastigen Herabklettern vom Hochsitz fast den Fuß gebrochen hätte und sein Bruder bei der anschließenden Hatz auf das verletzte Tier beinahe von diesem erledigt worden wäre. «Wenn du dich zu früh freust, ist immer gefährlich», sagte er, während er dem Riesen den Bauch aufschlitzte, um ihm das Fell abzuziehen. «Man soll den Tag nicht loben, bevor der Bär geschossen ist.»

Im Handschuhfach fand der Unternehmer die Schachtel mit der Munition. Er setzte sich auf den Beifahrersitz, klappte den Lauf nach unten, tastete nach den Kammern und drückte zwei Patronen hinein. Ein Klicken: Das Gewehr war wieder verriegelt. Der Unternehmer zwängte sich aus dem Auto, stand auf, ihm wurde schwarz vor Augen, doch als seine Sinne zurückkehrten, wurde es kaum heller.

Im Vorbeigehen nahm er eine Handvoll Heu vom Boden und kniete sich neben den Kopf des Pferdes. Er hielt ihm das trockene Gras hin und streichelte über seine Nase. Das Tier atmete nur noch ganz flach, alle paar Sekunden entwich ein leiser, warmer Windstoß seinen Nüstern. Als der Unternehmer die Hand zurückzog, merkte er, dass sie nass war, klebrig. Er stand auf, wischte das Blut an seiner Hose ab, entsicherte das Gewehr, zielte auf das Schnauben und schoss.

In diesem Moment durchzuckte ihn ein stechender Schmerz. Der Rückstoß, dachte er und wusste doch zugleich, dass das nicht sein konnte: Er hielt den Kolben an der rechten Schulter, das Stechen war links an seinem Hals. Sein nächster Gedanke: eine Kugel. Der Kutscher ist doch nicht tot, er hat eine Waffe, er ist wütend, verständlich, verdammt, er hat mich erwischt.

Der Unternehmer schwankte, ließ das Gewehr sinken und fasste sich an den Hals. Als er seine Hand auf die Haut legte, spürte er das Kribbeln. Ein rasender Flügelschlag, elektrisch. Beinchen, die zappelten und traten, ein winziger Körper, der versuchte sich zu befreien. Wieder durchfuhr ihn ein Schmerz, diesmal in seiner Handfläche. Zähne, dachte er, ein Mund, eine Fratze auf einem Bauch. Er schlug sich gegen den Hals, wischte die Handfläche am Hosenbein ab, doch das Kribbeln ließ sich nicht abschütteln. Es war jetzt in seinem Haar, in seinem Nacken, überall. Der Unternehmer ließ das Gewehr fallen, schlug sich mit beiden Händen gegen den Kopf, tänzelte auf der Stelle, boxte in die Luft. Nach einigen Sekunden hielt er keuchend inne und lauschte.

Sein Hals und seine Hand schmerzten, aber das Kribbeln hatte aufgehört. Stille. Doch dann, von Ferne, ein Brummen. Das Summen von Flügeln, Hunderte, ein ganzer Schwarm, ein Geschwader. Der Unternehmer erstarrte einen Moment, dann begann er zu rennen, die Straße entlang, dem milchigen Lichtschein entgegen. Er rannte, bis das Rauschen des Bluts in seinen Ohren das Brummen übertönte. Bis er nichts mehr hören konnte außer seinem Puls, seinem Atem, seinen Schritten, Sohlen auf dem Asphalt, wie ein Uhrwerk. Wie das Ticken eines Weckers, der ihn aus einem Traum aufwecken sollte. Aus einem Schlaf, so tief, als befände er sich im Innersten einer Matrjoschka; oder in den Tatzen eines Bären in den Tatzen eines Bären in den Tatzen eines Bären.

B : Bor : Halbmetall, das mit hoher Geschwindigkeit verbrennt. Wird daher als Zünder in Airbags eingesetzt.

6C

Sie haben bestimmt schon mal eins meiner Bilder gesehen. Wenn Sie Kinder haben. Oder wenn Sie manchmal durch den Schreibwarenladen irren, auf der Suche nach einem gepolsterten Briefumschlag oder einem Klebestift, oder diesen bunten Kunststoffteilen mit einer Metallklemme dran, mit denen man Blätter zusammenheftet, um sie gebündelt in einen Aktenordner zu hängen, Sie wissen schon, diese Plastiklochkarten, von denen niemand weiß, wie sie eigentlich heißen, weshalb es einfacher ist, nach ihnen zu suchen, als sich bei dem Versuch zu blamieren, sie einer Verkäuferin zu beschreiben.

Meine Bilder hingegen sind ganz einfach zu finden. Sie müssen nur nach der Ecke mit den Buntstiften, Wachsmalkreiden und Kindermalblöcken fragen. Dort, auf den Verpackungsvorderseiten, sind meine Gemälde zu sehen: *Lachendes Ferkel auf Blumenwiese* (Filzstift auf Karton, 2002). *Glückliche Fohlen auf Waldeslichtung* (Wasserfarben auf Aquarellpapier, 2007). *Die heitere Kuh* (Öl auf Leinwand, 2003). *Vier quietschvergnügte Zicklein* (Mischtechnik, 2009). *Der rundum zufriedene Blumenstrauß*, ja, so heißt das Bild wirklich, auch wenn man den Titel auf der Buntstiftverpackung vergeblich suchen wird: Die Blüten haben Gesichter, und diese Gesichter lächeln, genau wie die verdammten Visagen der Fohlen, Ferkel und all der anderen Viecher, die ich gemalt habe. Auf meinen Bildern müssen immer alle lächeln, klar, würden Sie Ihren Kindern einen Malblock oder einen Kasten mit Buntstiften schenken, auf denen depressive Schindmähren auf dem Weg zum Schlachthof zu sehen sind? Eben.

Also wird auf meinen Bildern gelächelt, was das Zeug hält. Ich kann überhaupt keine geraden Linien mehr zeichnen, wenn ich einen Strich machen will, wird automatisch ein nach oben gebogener Grinsemund daraus. Nur mir selbst ist das Lachen vergangen, spätestens an dem Tag, als mein Galerist mir nach meiner letzten Ausstellung den Scheck überreichte und neben seine Unterschrift und die klägliche Summe einen aufmunternd zwinkernden Smiley malte. Auch der Rest der sogenannten Kunstwelt nimmt mich nicht ernst. Dabei ist es ungeheuer schwierig, solche unbefangenen Kinderkrakeleien zu Papier zu bringen! Sie wissen ja, was Picasso gesagt hat: Als er ein Kind war, habe er malen können wie Raffael – aber um wieder so malen zu können wie ein Kind, habe er sein ganzes Leben gebraucht. Ich bin erst vierzig und male schon seit Jahrzehnten wie ein Vorschüler mit ADHS und Rot-Grün-Schwäche.

Und ich habe durchaus noch Träume. Sehen Sie dieses Bild? Die blühenden Bäume, die grüne Wiese, das grinsende Schaf – alles wie gehabt. Aber dort hinten, hinter der rundum zufriedenen Eiche, dort stehe ich. Ich habe ein Gewehr, außerdem einen Benzinkanister und eine Schachtel mit Streichhölzern. Wenn ich aus meinem Versteck trete und auf das Schaf anlege, wird ihm das Lachen vergehen. Ich knalle es ab, ich spucke auf seinen Kadaver, dann überschütte ich den ganzen Schamott mit Benzin und setze ihn in Brand. Binnen Minuten werden Schaf, Wald, Wiese von den Flammen verzehrt sein, nichts wird von ihnen übrig bleiben als ein bisschen Holzkohle. Sehen kann man das natürlich nicht, noch halte ich mich ja hinter dem Baum versteckt. Aber Sie müssen mir glauben: Schließlich habe ich das Bild gemalt.

C : Carbon : Kohlenstoff : Element aus der Gruppe der Nichtmetalle, das in sehr unterschiedlichen Modifikationen vorkommt. Als Graphit wird es zur Herstellung von Bleistiften verwendet.

$_{7}\mathrm{N}$

Ha	fe	rG	er	st
eR	og	ge	nD	in
ke	lW	ei	ze	nM
ai	sR	ei	sH	ir
s	e	S	o	r
g	h	u	m	K
a	m	u	t	E
m	m	e	r	T
i	e	r	e	u
n	d	M	e	n
s	c	h	e	n

ErdeErdeErdeErdeErdeErdeErdeErdeErdeErdeErdeErdeEr
deErdeErdeErdeErdeErdeErdeErdeErdeErdeErdeErdeErde
ErdeErdeErdeErdeErdeErdeErdeErdeErdeErdeErdeErdeEr
deErdeErdeErdeErdeErdeErdeErdeErdeErdeErdeErdeErde
ErdeErdeErdeErdeErdeErdeErdeErdeErdeErdeErdeErdeEr
deErdeErdeErdeErdeErdeErdeWurmErdeErdeErdeErdeEr
deErdeErdeErdeErdeErdeErdeErdeErdeErdeErdeErdeErde
ErdeErdeErdeErdeErdeErdeErdeErdeErdeErdeErdeErde

N : Nitrogen : Stickstoff : gasförmiges Nichtmetall und Hauptbestandteil der Luft. Stellt in Form von Nitraten ein wichtiges Düngemittel dar.

$_{8}$O

Mein Hausarzt hat einen Schnabel. Einen Zinken aus schwarzem Horn, länglich und spitz wie bei einem Specht, die obere Hälfte entspringt zwischen seinen Augen, die untere mündet in seinen Kiefer. Ich kann mich nicht erinnern, ob der Schnabel bei seinem letzten Hausbesuch auch schon da war oder ob er damals nur kleiner war und ich ihn deshalb nicht bemerkt habe. Ich könnte meinen Arzt natürlich fragen – aber wer bin ich, ihn mit solchen Lappalien zu belästigen, und zu solch später Stunde? Von Herzen kommende Dankbarkeit, das ist das Einzige, was mein Arzt jetzt verdient und erwartet.

Ich versuche, mich im Bett aufzurichten, ihm die Hand entgegenzustrecken; doch der Hausarzt bedeutet mir mit einer Bewegung seines Schnabels, ich möge mich wieder hinlegen. Gehorsam lasse ich mich in die n$_{33}$Assen Laken fallen und beobachte, wie mein Arzt die Decke beiseite schiebt und die Knöpfe von meinem Pyjama pickt. Er legt den Kopf auf meine Brust, sein Schnabel kommt schwer auf meiner Schulter zu liegen, die Spitze stößt mit einem dumpfen Schlag gegen meinen Nachttisch.

Aus den ovalen Löchern auf dem Schnabelrücken dringt schweres Atmen. Die Luftstöße streichen von unten gegen mein Gesicht, ein modriger Waldgeruch, nicht unangenehm. Das Atmen wird langsamer und flacher, schließlich hört es fast ganz auf. Nur noch alle zehn Sekunden höre ich ein leises Röcheln. Ich ziehe behutsam meinen linken Arm unter dem Körper des Arztes hervor, fasse ihn an der Schulter und schüttle ihn sanft. Im Bruchteil einer Sekunde ist er wieder bei Sinnen, springt mit einer flatternden Bewegung vom Bett und plustert sich vor mir auf.

«Die schlechte Nachricht zuerst», sagt er: «Sie werden sterben.» Er hält einen Moment lang inne, dreht den Kopf auf die Seite und starrt mich mit einem Auge an, um meine Reaktion zu überprüfen. «Jetzt die gute Nachricht», sagt er schließlich: «Ich habe den Erreger entdeckt. Ich kann ihn entfernen.» Noch einmal das Drehen des Kopfs, der prüfende Blick, ein schwarzes Loch in einer grauen Aureole, stecknadelgroß, eine Zielscheibe. Offenbar nicke ich, so schwach, dass mir die Bewegung selbst entgeht, doch mein Hausarzt bemerkt sie, er registriert erfreut, dass ich einverstanden bin: Keine weiteren Formalitäten, wir können sofort operieren.

Der Hausarzt beugt sich über meine bloße, von kaltem Schweiß bedeckte Brust, seine Schnabelspitze weist auf mein Herz. Er wippt me90Thodisch mit dem Kopf auf und nieder, als versuchte er sich die bevorstehende Bewegung genau einzuprägen, wie ein Golfspieler, der sich mit Pendelbewegungen auf den Abschlag vorbereitet. Er lehnt den Kopf weit nach hinten, so dass sein Schnabel in Richtung Decke weist. Dann lässt er ihn, nach einer schier endlosen Sekunde des Wartens, nach einem Moment, in dem sich all seine Kräfte in den Halsmuskeln zu versammeln scheinen, mit Wucht in meinen Körper schnellen, ein Blitzschlag zwischen die Rippen. Ich versuche zu schreien; doch aus meinem Hals ertönt nur ein Piepsen, der hilflose Ruf eines Vogels.

O : Oxygenium : Sauerstoff. Da unsere Atemluft zu gut zwanzig Prozent aus molekularem O besteht, gilt das Element als Inbegriff des Lebens. Da es aber auch an zahlreichen Verwesungs- und Zerfallsvorgängen beteiligt ist, kann O ebenso für den Tod stehen.

9F

Zehn Zahnpflegetipps für Besitzer von Venusfliegenfallen, die nichts nützen:

1Putzen Sie Ihrer fleischfressenden Pflanze nach jeder Mahlzeit die Zähne.
2Reinigen Sie die Randborsten ihrer Fangblätter regelmäßig mit Zahnseide.
3Benutzen Sie zur Säuberung schwer zugänglicher Regionen Interdentalbürsten und Zahnhölzchen.
4Würzen Sie Mahlzeiten für Ihre Venusfliegenfalle grundsätzlich mit fluoridhaltigem Salz.
5Vermeiden Sie beim Gießen Ihrer Venusfliegenfalle zuckerhaltige Getränke.
6Gehen Sie mit ihr regelmäßig zur zahnärztlichen Kontrolle.
7Gehen Sie mit ihr zweimal jährlich zur Individualprophylaxe.
8Suchen Sie bei beginnender Karies oder Parodontitis unverzüglich einen Zahnarzt auf.
9Besorgen Sie für Ihre Venusfliegenfalle, wenn sie nachts mit den Fangblättern knirscht, eine Aufbissschiene.
10Schlagen Sie Ihrer Venusfliegenfalle, auch wenn sie ungezogen ist und versucht, Sie zu beißen, nicht einfach in die Fresse.

F : Fluor : reaktionsfreudiges Halogen, in höheren Konzentrationen giftig. In niedrigen Dosen wichtig für den Aufbau von Knochen und Zähnen und daher, als Fluorid, in Zahnpasta enthalten.

$_{10}$Ne

Make your bets, ladies and gentlemen, machen Sie Ihr Spiel!

Wenn Sie mich so freundlich darum bitten: Ich sehe was, was du nicht siehst, und das ist grün.

Sie sind neu hier, nicht?

Allerdings. Ein bisschen frischer Wind in Ihrer muffigen Hütte. Also, raten Sie los.

Pardon, ich bin der Croupier.

Das mag schon sein – aber grün sind Sie jedenfalls nicht! Ein Punkt für mich. Kommen Sie, noch ein Versuch: Ich sehe was, was du nicht siehst, und das ist grün. Es ist wirklich einfach.

Nein.

Doch. Sehr einfach sogar.

Ich meinte: Nein, ich spiele nicht mit.

Dann habe ich gewonnen. Dabei wäre die Lösung kinderleicht gewesen: dieser grüne Filzteppich hier auf Ihrem Tisch. Na egal. Her mit den Plastikchips.

Das sind die Jetons, und sie gehören der Bank. Ich werde sie Ihnen ganz sicher nicht aushändigen.

Auch nicht, wenn ich Ihnen wie ein Verrückter mit dieser Pistole vor der Nase herumfuchtle?

Nein.

Auch nicht, wenn ich Ihnen mit dieser Pistole einen Geldeinwurfschlitz in den Brustkorb ballere?

Nein. Ich …

Hoppla. Wer hätte gedacht, dass sich aus dieser Waffe dermaßen leicht ein Schuss löst? Wer hätte gedacht, dass ihr $_{57}$**La***uf just in diesem Moment auf den Körper des Croupiers zielt? Ist es Zufall, Schicksal? Ich weiß es nicht, ich weiß nur: Es ist das Spiel des Lebens, und der Einzige, der die Regeln kannte, ist tot. Also* *machen Sie Ihre Einsätze, meine Damen und Herren. Versuchen Sie Ihr Glück, lassen Sie die Kugel rollen, bevor es zu spät ist, bevor es plötzlich heißt: Nichts geht mehr. No more bets. Rien ne va plus.*

Ne : Neon : Edelgas, sein Name bedeutet ‹das Neue›. Wird in Leuchtröhren genutzt, wie sie für die Fassaden von Spielcasinos typisch sind.

$_{11}$Na

Der eines Abends von einem Gast geäußerte Vorwurf, das seien aber *gesalzene Preise*, die er da für seine durchweg passablen, aber doch keineswegs spektakulären Gerichte verlange, brachte den Wirt meines ehemaligen Lieblingsitalieners – vielleicht, weil Ausländer für das kreative Potential der deutschen Sprache besonders wache Ohren haben – auf die Idee, seine Rechnungen fortan mit einer Prise Meersalz zu servieren, und zwar immer im Verhältnis zur Höhe der präsentierten Rechnung. War die Rechnung niedrig, lagen ein paar unscheinbare Körnchen auf dem Thermopapier. Fiel sie hoch aus, konnte es schon vorkommen, dass man erst einen kleinen weißen Haufen beiseite schieben musste, bevor man mit pochendem Herzen den geschuldeten Betrag in Augenschein nehmen konnte.

Diese schlichte Idee machte das Restaurant bald weithin bekannt und führte binnen weniger Monate zu einem Ansturm von zahlungskräftigen Gästen, die sich gegenseitig mit der Höhe ihrer Salzberge zu übertrumpfen versuchten und zu diesem Zweck immer kostspieligere Menüs und Getränke bestellten. Überstieg die Rechnung einen bestimmten vierstelligen Betrag, wurde sie schließlich nicht nur mit Salz garniert, sondern nach einem geheimen Rezept mit frisch gemahlenem Pfeffer, Kräutern sowie saurer Sahne abgeschmeckt und galt vielen Feinschmeckern als kulinarischer Höhepunkt des Abends.

Als der Wirt meines ehemaligen Lieblingsitalieners Jahre später an den Folgen einer Blutv$_{68}$**Er**giftung starb, die er sich beim Schleifen eines rostigen Pizzamessers zugezogen hatte, stand bei der Beerdigung vor dem offenen Grab ein Schälchen mit Salz. Ihm entnahmen die Trauergäste kleine Prisen und warfen sie unter Tränen auf den in der Tiefe ruhenden Sarg. «Ihr seid das Salz der Erde», sagte der Pfarrer bei der Trauerfeier: «Ihr seid das Licht der Welt.»

Na : Natrium : für den menschlichen Körper lebensnotwendiges Mengenelement. Wird meist in Form von Kochsalz aufgenommen.

$_{12}$Mg

Seit neun Monaten habe ich einen Tinnitus. Seit neun Monaten höre ich Nacht für Nacht dieses sphärische Fiepen, leise, unablässig, als sänge ein Chor ungeborener Moskitos in meinem linken Ohr. Mein Arzt meint, ich solle das Geräusch bagatellisieren, was wohl auf distinguierte Art heißen soll, ich möge mich nicht so anstellen – aber er hat ja überhau$_{78}$**Pt** keine Ahnung, welchen akustischen Torturen ich ausgesetzt bin. Kein Mensch weiß das, und das macht mein Leiden umso schlimmer.

Manchmal wünsche ich mir, ich könnte diesen Ton aufnehmen, ihn konservieren und anderen Menschen vorspielen, nur um zu beweisen, wie zermürbend er ist. Ich glaube sogar, dass mein Tinnitus sich – auf CD gepresst, ansprechend verpackt und entsprechend beworben – durchaus gewinnbringend vermarkten ließe: als akustische Warnung für gestresste Manager. Als mahnendes Beispiel für Jugendliche, die zu laut Musik hören. Oder als Störgeräusch, um bissige Hunde abzuwehren, oder Einbrecher, oder Moskitos, die das Singen ihrer ungeborenen Kinder sicher noch schwerer ertragen können als wir Menschen.

Zunächst handelte es sich bei dem Fiepen um immer denselben Ton, ein fünfgestrichenes Fis. Doch vor kurzem habe ich festgestellt, dass es sich sowohl in seiner Intensität als auch seiner Höhe verändert, je nachdem, wie entspannt oder gestresst ich bin. Mein Arzt meint, das sei ein gutes Zeichen: Wenn es mir gelinge, den Ton willentlich zu beeinflussen, könne ich ihn eines Tages womöglich ganz zum Verschwinden bringen.

Ich habe daher angefangen, mir kleine Aufgaben zu stellen;

wenn es sich bei meinem Ohr um ein Klavier handelte, würde man von Etüden sprechen. Wenn ich nachts wachliege, übe ich Tonleitern: Meist genügt der Gedanke an ein unerfreuliches Ereignis oder meinen Kontostand, um die Tonhöhe einen Halbschritt nach oben zu treiben. Wenn es mir dereinst gelingen sollte, mich innerhalb einer Oktave sicher zu bewegen, werde ich anfangen, mir einfache Melodien vorzuspielen, die Kleine Nachtmusik oder irgendwas von den Beatles.

Vielleicht könnte ich mit dieser Begabung sogar im Fernsehen auftreten; bei einer Talentshow zum Beispiel, unter einem Künstlernamen wie Tim Tinnitus oder Mr. Ohrensausen oder Vader Abraham und der Chor der ungeborenen Insekten. Vielleicht würde ich einen Plattenvertrag bekommen, vielleicht würde ich ganz groß rauskommen, dann wäre dieses gottverdammte Fiepen ja doch zu irgendetwas nütze. Das ist meine Hoffnung, mein Trost in dunklen Stunden, der Strohhalm, an dem ich mich festklammere, und dieser Strohhalm bricht, wie wir wissen, zuletzt.

Mg : Magnesium : Erdalkalimetall. Eines der zahlreichen, meist erfolglosen Behandlungsmittel in der Tinnitustherapie.

₁₃Al

Kurz nach dem Start begannen die Turbulenzen. Etwas später, über dem Nordatlantik, wurde das Flugzeug von unsichtbarer Hand ergriffen und durchgeschüttelt, als wäre es ein überdimensionaler Mixbecher, in dem ein Cocktail für den Jüngsten Tag zubereitet wird. Cir₂₀Ca auf der Höhe von Island fing die Frau mit dem Schatten an zu beten.

«Das heißt, ich weiß nicht, ob *beten* das richtige Wort ist», sagte sie, fischte den Teebeutel aus der Kanne, legte ihn auf ihren Löffel und begann, den Faden darum zu zurren, so dass der herausgepresste Tee in ihre Tasse tropfte. «Es war eher so, dass ich diesem höheren Wesen, nennen wir es der Einfachheit halber mal Gott, meinen erstgeborenen Sohn versprach.»

«Was?», fragte ich: «Du wolltest ihn opfern?»

«Keine Ahnung, wie man das nennt», die Frau mit dem Schatten zuckte mit den Schultern: «Weihen. Zueignen. Anvertrauen. Ich flüsterte einfach, und wenn ich mich recht erinnere, faltete ich dabei die Hände: ‹Lieber Gott, verschon mich, lass mich diesen Flug überleben, lass mich heil ankommen, dann taufe ich dir zu Ehren meinen ersten Sohn auf den Namen Fürchtegott.›»

«Wie bitte? Da wäre es ja besser gewesen, du hättest deinen Sohn ins Gebirge geschleppt und mit einem rostigen Pizzamesser auf einem Felsbrocken geschächtet, als ihm so einen Namen anzutun. Aber apropos: Er heißt ja gar nicht Fürchtegott.»

«Stimmt.»

«Dann ist doch alles in Ordnung.»

«Nichts ist in Ordnung», sagte die Frau mit dem Schatten überraschend barsch. «Weißt du, was ich für Ängste ausstehe?

Jedes Mal, wenn ich in ein Flugzeug steige? Wenn es auch nur die geringsten Turbulenzen gibt, denke ich, dass Gott sich an mein Versprechen erinnert und jetzt zur Strafe meine Seele holt. Oder die meines Sohnes. Weil ich mich nicht an meinen Teil der Abmachung gehalten habe, verstehst Du?»

«Du hast ganz einfach Flugangst.»

«Ich habe eine *Heiden*angst», widersprach die Frau mit dem Schatten, «im wahrsten Sinne des Wortes», und dann kicherte sie, aber es klang nicht heiter.

«Meinst du nicht, Gott hat andere Sorgen?», fragte ich, nachdem sie sich etwas beruhigt hatte. «Meinst du wirklich, Gott denkt jeden Tag: Ah, die Mutter von diesem Lausebengel, wie heißt er noch, egal, jedenfalls nicht Fürchtegott, mit der hab ich noch ein Hühnchen zu rupfen?»

Nach einer Minute der Stille, die nur von gelegentlichem Teelöffelklackern unterbrochen wurde, sagte die Frau mit dem Schatten leise: «Ja, das glaube ich.» Und dann trank sie mit kleinen, bedächtigen Schlucken ihre Tasse aus und behielt diese auch, als sie schon längst leer war, noch eine Weile vor dem Gesicht. Ich wusste nicht, dass sie zu diesem Zeitpunkt schon längst einen Termin beim Standesamt hatte, um den Namen ihres Sohns ändern zu lassen. Ich wusste nicht, dass sie dafür die Unterschrift ihres Mannes gefälscht hatte, weil sie zu Recht ahnte, dass er einer solchen Namensänderung nie zustimmen würde; und das war wohl auch der Grund, weshalb sich die beiden letzten Endes getrennt haben.

Al : Aluminium : formbares Leichtmetall. Findet im Flugzeugbau Verwendung.

$_{14}$Si

Guten Tag, hier spricht der Anrufbeantworter des Sohnes, ich bin im Moment nicht erreichbar.

Das heißt, im Moment, in dem ich dies hier spreche, bin ich durchaus erreichbar, ich habe absolut nichts zu tun, sonst würde ich meine Zeit ja nicht damit zubringen, eine Anrufbeantworterabwesenheitsnachricht aufzusprechen. Aber wenn Sie anrufen, wann immer das auch sein mag, werde ich nicht erreichbar sein, sonst sprächen Sie ja nicht mit meinem Anrufbeantworter, beziehungsweise er mit Ihnen.

Wobei: Streng genommen spricht hier natürlich auch nicht der Anrufbeantworter, sondern ich selbst. Und er spricht beziehungsweise ich spreche natürlich nicht hier, sondern bei Ihnen, dem Anrufer oder der Anruferin, aus dem Hörer oder dem Lautsprecher oder dem Headset. Wobei, ich muss mich schon wieder korrigieren: Der Anrufbeantworter spricht beziehungsweise ich spreche nicht bei Ihnen, sondern auf dem Server meines Mobilfunkanbieters, wo immer der auch stehen mag, ich tippe auf Schottland oder Schweden, irgendein für die Kühlung von Großrechnerfarmen klimatisch günstig gelegenes Land mit *Sch*, Sie können mir Ihren Lösungsvorschlag nach dem Signalton aufs Band sprechen, beziehungsweise auf den Mikrochip, egal.

Bevor es soweit ist, müssen wir aber noch die Frage nach dem Guten Tag klären. Es ist nämlich offen gestanden gar kein guter Tag. Es ist sogar ein ziemlich beschissener Tag, ich verbringe ihn schon seit Stunden mit dem Versuch, eine logisch wasserdichte Anrufbeantworternachricht aufzusprechen, die alle Eventualitäten berücksichtigt. Und das ist noch nichts im Vergleich zu jenem Tag, an dem Sie mich anrufen werden und ich nicht abnehme, und Sie daher diese Anrufbeantworternachricht hören. Wenn Sie diese Anrufbeantworternachricht hören, liegt nämlich gerade me$_{49}$In Vater im Sterben. Oder meine Frau gebiert einen Fisch, oder ich werde von meiner Mutter geschlachtet, irgendetwas Schlimmes jedenfalls, sonst würde ich ja abnehmen. Ich nehme sonst nämlich immer ab, zu jeder Tages- und Nachtzeit und manchmal sogar, obwohl das Telefon gar nicht klingelt, aber wem sage ich das?

Sprechen Sie bitte deutlich und hinterlassen Sie Ihre Nummer und Ihren Namen, und sagen Sie danach bitte irgendetwas Aufmunterndes. Versprechen Sie mir das Blaue vom Himmel, versprechen Sie mir die Hölle auf Erden, versprechen Sie mir Ihre Tochter und das halbe Königreich dazu, tun Sie es mit Nachdruck, tun Sie es mit Gefühl, legen Sie ein bisschen Seele in Ihre Stimme, schämen Sie sich nicht, na los, worauf warten Sie, sprechen Sie nach dem Signal.

Si : Silicium : wichtiges Halbleitermaterial. Wird zur Herstellung von Computerchips und Speichern, wie sie in Mobiltelefonen Verwendung finden, gebraucht.

15P

Und Gott sprach: Es werde Licht! Und es ward Licht.

Und Gott sprach: Es werde wieder dunkel! Und es ward wieder dunkel.

Und Gott sprach abermals: Es werde Licht! Und es ward wieder Licht, und Gott sprach abermals: Es werde wieder dunkel!, und klar, es ward wieder dunkel, was sonst.

Und Gott sprach ein drittes Mal: Es werde Licht!, und es wurde wieder Licht. Nein, dunkel!, verbesserte sich Gott, Moment, habe ich dunkel gesagt? Ich meinte natürlich Licht! Nein, dunkel! Nein, Licht! Und das Licht beziehungsweise das Dunkel taten, wie ihnen geheißen, und um die Lippen des HErrn spielte unter seinem Rauschebart ein schelmisches Lächeln.

Von dem Erfolg seiner Schöpfung übermütig geworden, mochte Er gar nicht aufhören, der Beleuchtung Befehle zu geben: Licht! Dunkel! Licht! Dunkel!, immer schneller wechselten die Anweisungen einander ab, immer unruhiger flackerte die Welt wie in einem Stroboskopgewitter, bis endlich …

Stoooooopp!, erschallte eine Stimme aus der Tiefe; sie klang so bestimmt und respekteinflößend, dass Gott das Wort *Licht* in der Kehle stecken blieb.

W-w-was?, stotterte Er in die Finsternis.

Hör auf, mit dem Licht herumzuspielen, dröhnte die Stimme.

Okay, sagte Gott kleinlaut. Und warum?, wollte Er nach einem Moment der Besinnung trotzig wissen.

Weil es sonst kaputtgeht, sagte die Stimme genervt.

Meinetwegen. Na guuut. Aber … kann ich nicht wenigstens hin und wieder …

Einmal pro Tag, antwortete die Stimme streng. Verstanden? Sonst muss ich dir die Welt wieder wegnehmen.

Außerdem setzte sie durch, dass, um die Übergänge zwischen Licht und Dunkel etwas erträglicher zu gestalten, in den **21Sc**halter ein Dimmer eingebaut wurde.

P : Phosphor : erstmals von dem Alchemisten Hennig Brand isoliert. Da weißer Phosphor mit Sauerstoff reagiert und im Dunkeln leuchtet, gab Brand dem Element den Namen *phosphoros*, ‹Lichtbringer›.

16S

Kann ich Ihnen behilflich sein?

Ich suche ein ***15P****arfum.*

Das suchen viele. Soll es für Ihre Gattin sein oder …

Für mich.

Sie sind ein Mann, der auf sein Erscheinungsbild achtet.

Sehe ich so aus?

Offen gestanden: nein. Hatten Sie an etwas Bestimmtes gedacht? Eine Richtung? Einen Charakter?

Ah, die großen Fragen! Darunter machen Sie's nicht, was?

Ich rede von Ihrem Parfum.

Können Sie mir denn eines empfehlen?

Sehe ich so aus?

Offen gestanden: nein.

Und trotzdem kann ich Ihnen helfen! Wenn Sie mir kurz Ihren Handrücken reichen wollten … Oha. Was ist denn das für ein Gestank?

Das bin ich.

Sehen Sie: Die meisten Menschen wählen eine Duftnote, die ihr bereits vorhandenes Körperaroma dezent unterstreicht. Maskuline Typen bevorzugen Parfums, die ein Sekret aus der Analdrüse des Ebers enthalten. Weiche, weibliche Typen hingegen …

Und ich? Was ist mit mir?

Typen wie Ihnen rate ich in der Regel, sich erstmal zu waschen.

Sie tun mir weh, Mann.

Wer das Bein nicht hochbekommt, sollte nicht mit den großen Hunden pinkeln.

Aua! Aufhören!

Ehrlichkeit im Verkaufsgespräch, wir hatten da gerade eine Fortbildung. Nur aus professionellem Interesse: Das ist Schwefel, oder?

Schwefelwasserstoff, um genau zu sein. Elementarer Schwefel ist quasi geruchlos.

Man lernt wirklich jeden Tag etwas dazu. Und Sie sind demnach …

Ganz recht.

Wollen mit Ihrem neuen Duft wohl einem unschuldigen jungen Ding den Kopf verdrehen, was?

Ich dachte eher an die Weltherrschaft.

Wer tut das nicht?

Und mit meinem derzeitigen Aroma ist das, wie Sie sich denken können, ein eher mühseliges Unterfangen. Die meisten, denen ich begegne, riechen den Braten schon von weitem.

Sie meinen: den Schwefelwasserstoff.

Wir verstehen uns.

Wenn ich mir die Bemerkung gestatten darf: Mit einer Dusche und ein bisschen Eau de $_{27}$**Co**logne ist es da nicht getan. Sie sollten auch etwas gegen Ihre Hörner tun. Unsere Hutabteilung befindet sich im vierten Stock.

S : Sulphur : Schwefel : nach christlichem Volksglauben das bevorzugte Parfum des Teufels.

$_{17}Cl$

Wenn der Wind vom Hafen herüberwehte, bauschten sich selbst bei geschlossenen Fenstern die Vorhänge, es wurde so früh dunkel, dass die Menschen sich bereits am Mittag mit *Guten Abend* begrüßten, und die Frauen waren so unansehnlich, dass man den Männern nachsagte, sie würden Schafe als Geschlechtspartnerinnen vorziehen. Kurz: Es schien in jener Gegend und zu jener Zeit viele gute Gründe zu geben, sich umzubringen, aber letztlich ließ nur einer meiner Freunde seinem lebensmüden Lamento auch Taten folgen: Er legte sich ins Bett, schnitt sich beide Pulsadern auf und trank, um ganz sicher zu gehen, noch eine Flasche Chlorbleiche hinterher, Vorteilspackung, *15% gratis* stand in alarmgelber Schrift auf dem Etikett.

Als ich ihn fand, lag das leere Plastikgebinde neben seinem Bett, er selbst lag embryonal zusammengerollt in seinem Erbrochenen, sehnig, nackt, das Glied umklammert, das Bleichmittel hatte sich mit seinem Blut vermengt und bildete auf der Matratze kleine Schaumkronen. Als ich versuchte, seine offenen Unterarme mit Küchenhandtüchern zu verbinden, schlug der Freund die Augen auf. Kannst du mir einen Gefallen tun?

Klar, sagte ich, erschrocken, dass er tatsächlich noch lebte.

Siehst du den Kassettenrekorder? Leg *Songs of Love and Hate* auf.

Okay, sagte ich behutsam, denn einem Menschen, der gerade versucht hat sich umzubringen, schlägt man nicht so leicht einen Wunsch ab, ganz gleich, wie kitschig dieser auch sein mag.

Ich fand die Kassette, legte sie ein und spulte sie an den Anfang. Mein Freund nickte knapp, schloss die Augen, drehte sich wieder auf die Seite und zog die Bettdecke bis zum Kinnbart nach oben, mir schien, ich hatte ihn noch nie so glücklich gesehen.

I stepped into an avalanche, sang Leonard Cohen. Guten Abend, sagte der Notarzt, als er zehn Minuten später eintraf; ich warf einen Blick auf die Uhr, es war kurz nach zwei.

Cl : Chlor : farbloses Gas. Wird in Verbindung mit Natronlauge als Haushaltsreiniger verwendet.

$_{18}$Ar

Der Cowboy ist nicht tot, er ist nur zu faul, um zu leben. Seine Lungen sind zu müde, um zu atmen. Sein Magen ist zu matt, um zu verdauen, seine Nieren sind zu schlapp, um den Wasserhaushalt zu regulieren, seine Leber ist zu träge, um das Schlafmittel aus dem Blut zu waschen, und sein Herz? Ach, sein Herz, das ist so schwer. Was einerseits an seiner $_{35}$**Br**aut liegt, die tausend Kilometer weiter ostwärts auf den Cowboy wartet, und andererseits an dem .45er-Bleiprojektil, das in seiner linken Herzkammer steckt, an Schlagen ist bei so einem Gewicht nicht zu denken. Und auch sein linker Arm wird jetzt ganz kalt und schwer. Und auch sein rechter Arm wird jetzt ganz kalt und schwer, der Cowboy ist so müde, dass er im Boden zu versinken droht. Er wird durch den Staub der Hauptstraße sinken. Er wird sechs Fuß tief in das Erdreich sacken und sich dort gemütlich auf die Seite drehen, dann schlafen, vielleicht träumen. Der Cowboy wird sich ein Bett bauen, das wird das Letzte sein, was er auf dieser Erde tut, selbst zum Sterben ist er zu träge, er ist einfach für alles zu faul.

Ar : Argon : farbloses Edelgas, von dem keine Verbindungen bekannt sind. Daher nach dem griechischen Wort *argos*, ‹faul, untätig›, benannt.

Höret die Drescher, sie schlagen im Takt, klipp-klapp, klipp-klapp, denn im Moment sie nur zu zweit: der alte Knecht mit dem Kropf am Hals und der neue Lohndrescher, der sich über den Kropf lustig macht, obwohl er selbst Backen hat wie ein Frosch beim Balzen. «Hast du deine Zunge verschluckt?», hat er den Knecht gleich am ersten Abend beim Rabenwirt gefragt, aber statt einer Antwort hat er nur eine Maulschelle bekommen, die man bis zum nächsten Dorf hören konnte, und seitdem redet der alte Knecht noch weniger.

«Ausfegen», hat er heute Morgen gesagt und auf die Tenne gedeutet, und danach nur noch: «die Garben». Der Neue ist auf den Boden gegangen, hat die Garben hinuntergeworfen, und dann haben die beiden stumm das Flachs von ihnen gelöst, haben die Ähren in einem Viereck auf dem Boden ausgebreitet, die Spitzen nach außen, und weil sie damit schneller fertig waren als gedacht, haben sie schon einmal mit dem Dreschen begonnen.

Der Neue schlägt auf klipp, der alte Knecht auf klapp, damit sie sich mit den Flegeln nicht ins Gehege kommen, und die letzte Silbe ist das Vorrecht des Älteren, er kann am kräftigsten zuschlagen, er macht das schon seit Jahrzehnten. So wie der Neue die Handhabe umklammert, sieht jeder Schlag aus, als wäre er sein letzter, aber das ist auch seine erste Saison als Lohndrescher, und außerdem hat er gestern Abend im Raben zu viel Most getrunken.

«Du arbeitest auch für den Erbbauern?», hat ihn ein junger Kerl, dem der Daumen und Zeigefinger der rechten Hand fehlten, gefragt. «Hast du schon seine Frau kennengelernt?»

Er habe gedacht, der Bauer sei Witwer.

«Ach wo, der hat die treueste Frau weit und breit.»

«Kein Wunder», hat ein anderer mit flachsblonden Haaren hinzugefügt. «Wenn du deine Frau tagein, tagaus im Kuhstall eingesperrt hältst, setzt dir keiner so schnell Hörner auf.»

Und dann haben alle am Tisch gelacht, außer dem Neuen, der nichts verstanden hatte, und dem alten Knecht, der mit der flachen Hand auf den Tisch schlug und sagte, morgen müssten sie früh an die Arbeit, also auf.

Zuerst kommt der mit den blonden Haaren dazu. Er nimmt einen der Flegel, die in der Ecke lehnen, wiegt ihn in der Hand, macht ein paar Probeschläge auf den Holzboden, dann stellt er den Flegel wieder zurück. Er probiert einen anderen, dann noch einen, klapp, klapp, erst als der alte Knecht sagt, wenn er nicht sofort zu arbeiten anfange, könne er sich gleich zu den Ähren legen, dann werde er ihm schon die Flausen aus dem Kopf dreschen, entscheidet er sich für einen Flegel, und im Dreitakt geht es weiter: «Schnitt ins Brot», gibt der Blonde als neuen Dreschtaktspruch vor, «Schnitt ins Brot», und der Neue wird langsam hungrig, weil das Frühstück schon lange zurückliegt, und als der nächste Drescher dazukommt, der mit den fehlenden Fingern, wird es noch schlimmer. «Fleisch und Knö-del», sagt er, und dem jungen Lohndrescher brummt immer lauter der Magen, und gerade als er es geschafft hat, die Wörter von ihrem Inhalt zu trennen, sie nur noch als Klang, als Spreu, als Spelzen wahrzunehmen, kommt noch der Knecht vom Nachbarhof und beginnt vom Nachtisch zu sprechen: «Mut-ter backt Ku-chen, Mut-ter backt Ku-chen». Zu diesem Spruch gehen sie weiter um das Sammet herum und schlagen die Wörter aus den Ähren, und der Müller macht Mehl draus und die Mutter den Teig, und sie knetet ihn und walzt ihn aus und belegt ihn mit Äpfeln, bis der alte Knecht endlich den Schlusstakt schlägt: Sie raffen das Stroh und binden es zu Ballen, fegen die Körner zusammen und legen die Ähren für den nächsten Drusch.

«Wie heißt ihr eigentlich», fragt der Neue, als er sich zur Brotzeit neben dem Achtfingrigen und dem Flachsblonden hinter der Scheune ins Gras setzt.

Der Achtfinger streckt ihm die verstümmelte Hand entgegen, die knochigen Stümpfe mit der ledrigen Haut darüber fühlen sich an wie die Wirbel eines Reptils. «Freunde nennen mich Krake.»

«Flegel», sagt der blonde Drescher, gibt ebenfalls die Hand und grinst. «Und? Was hast du auf dem Herzen?»

«Wie kommst du drauf, dass ich was auf dem Herzen habe?»

«Weil du vor Neugier gleich platzt. Oder siehst du immer so aus?», sagt Flegel, und Krake prustet ihm vor Lachen einen Mundvoll zerkauten Brots aufs Hemd.

Der Neue saugt unwillkürlich die Backentaschen ein. «Ich seh' immer so aus. Aber stimmt schon: Ich bin auch neugierig. Ich meine, was ihr gestern über den Bauern erzählt habt, dass er seine Frau im Stall gefangen hält … das war doch nur ein Scherz, oder?»

Krake zuckt mit den Schultern. «Wir können dir nur sagen, was man sich im Dorf so erzählt.»

«Und die Leute reden viel», ergänzt Flegel. «Aber auch ein blindes Huhn, beziehungsweise ein ganzes Dorf voll blinder Hühner, kann ja zufällig das Körnchen Wahrheit aus der Masse der Märchen herauspicken.»

«Und wenn man die ganzen Körner, die dieser Hühnerstall im Kropf gesammelt hat, zu einer Geschichte verbäckt», sagt Krake, «dann macht unser Brotgeber eine ganz schlechte Figur. Du hast recht, er war schon mal verheiratet; aber ob er jemals seine Pflichten als Ehemann erfüllt hat, das weiß nur

Gott allein, Kinder hat er jedenfalls keine. Und wenn du mich fragst, haben erst die Würmer die Ehe vollzogen, nachdem die alte Bäuerin – Gott hab sie selig – sich zu ihnen unter die Krume gesellt hatte.»

«Mensch, Krake», unterbricht Flegel, «du bist ja ein Dichter.»

«Danke. Jedenfalls», Krake wendet sich wieder an den Neuen, «der alte Bauer war trotzdem ein Mann, verstehst du? Mit allen Bedürfnissen des Körpers, die Gott uns zur Strafe auferlegt hat. Und er brauchte Hilfe auf dem Hof, klar, ist ein großer Hof, da braucht man Mägde, zum Kühe melken, für die Apfelernte, für dies und das – und manchmal eben auch für jenes. Und eine besonders große Hilfe in *jenen* Dingen», Krake macht eine undeutliche Geste mit den drei Fingern der rechten Hand, «war ihm die gute Marthe. Ein echtes Prachtstück. Alle Burschen im Dorf waren hinter ihr her wie Stiere hinter einer heißen Plesche, aber der Bauer war der Einzige, der bei ihr an die Zitzen durfte. Das gab natürlich böses Blut, die Leute waren neidisch: Warum der alte Sack, fragten sie sich, und nicht ich? Aber eins nach dem andern, erst mal das junge Glück zerschlagen, wer sich nachher der Scherben, also der Marthe, annimmt, kann man dann ja sehen.

Eines Tages lässt also jemand bei der Bäuerin, als sie gerade auf dem Feld ist, durchsickern, dass ihr Herr Gemahl sich nicht bei der Arbeit im Stall, sondern bei der Arbeit im ehelichen Schlafzimmer befindet. Die Bäuerin will es zuerst nicht glauben, aber dann lässt sie doch den Rechen fallen. Sie kommt mit ihren Holzpantinen angelaufen, klipp-klapp, klipp-klapp, die Straße herunter und auf die Tür des Haupthauses zu. Ihr Mann hört die Schritte im Hof. Wohin so schnell mit der Marthe?, denkt er. Aus dem Schlafzimmerfenster? Da weiden die Stiere und werden sie zerfetzen. In den

Schrank oder unters Bett? Dagegen sperrt sich die Marthe, die auch ihren trotzigen Stolz hat.

Bleibt dem Bauern also nichts übrig, als auf Zeit zu spielen. Er lässt die Marthe auf dem Ehebett sitzen. Er rennt rüber in die Wohnstube, schließt die Schlafzimmertür hinter sich ab, steckt den Schlüssel ein und betet. Lieber Gott, sagt er, mach, dass alles gut wird. Mach, dass meine Frau die Marthe nicht findet, dass ich ungeschoren davonkomme, egal wie. Wenn ich einen Vorschlag machen darf: Am besten wäre es, wenn meine Frau stirbt, damit ich die Marthe heiraten kann. Dann, lieber Gott, verspreche ich auch hoch und heilig, ihr bis ans Ende meiner Tage treu zu sein, Amen. Ganz schön viele fromme Wünsche auf einmal.»

«Allerdings», bestätigt der Neue. «Und dann?»

«Für das, was dann passiert ist», sagt Flegel und schnippt Krake eine Brotkrume ins Gesicht, «gibt es zwei Erklärungen. Erstens: Gott hat den Arsch offen. Oder zweitens: Der Teufel persönlich hatte seine Finger im Spiel – und der scheißt bekanntlich stets auf den größten Haufen. Wie auch immer, der alte Sack hatte unverschämtes Glück.»

«Wie man's nimmt», Krake wiegt unschlüssig den Kopf. «Die Bäuerin kommt jedenfalls in die Stube gerauscht und sucht aus den Augenwinkeln schon mal nach dem Schlachtermesser. Der Bauer zupft am Tischtuch herum, pfeift ein Kirchenlied und tut ganz erstaunt: So eine Überraschung, was machst du denn hier, ich denke, du bist auf dem Feld? Die Bäuerin steuert unbeirrt auf die Schlafzimmertür zu. Ihr Hals ist so rot und geschwollen wie der einer Pute, und aus ihren Ohren kommen kleine Dampfwolken. Was willst du denn da drin?, fragt der Bauer scheinheilig, du wirst dich doch nicht mitten am helllichten Tag hinlegen wollen, bist du etwa schon müde? Die Bäuerin würdigt ihn keines Blicks, sie drückt die

Klinke herunter, abgeschlossen. Mach auf. Was?, fragt der Bauer. Mach die vermaledeite Tür auf, kreischt die Bäuerin. Aber ich hab doch keinen Schlüssel, sagt der Bauer. Die Bäuerin wendet sich angeekelt von ihm ab, geht Richtung Herd; dann dreht sie sich mit einem Mal um, rennt auf die Tür zu und springt mit ihren zweihundert Pfund Lebendgewicht dagegen, so dass sie aus den Angeln bricht.»

«Aber welch Wunder», ergänzt Flegel. «Es ist gar keine Magd mehr im Zimmer. Keine Frau, kein Mensch. Stattdessen … steht da eine Kuh. Ein prächtiges schwarz-weißes Fleckvieh, mit glänzendem Fell und einem prallen Euter. Steht zwischen Wäschetruhe und Ehebett, schaut die Gattin mit großen Unschuldsaugen an und macht muh.»

«Ihr wollt mich doch verarschen», sagt der Neue.

«Niemals», sagt Krake. «War natürlich vor unserer Zeit.»

«Und die Bäuerin? Ihr habt gesagt, sie sei gestorben.»

«Auch da gibt es zwei Versionen», sagt Flegel. «Nummer eins: Sie sieht die ehebrecherische Kuh im Schlafzimmer und fällt auf der Stelle tot um. Nummer zwei: Sie lebt noch ein bisschen weiter, wird aber eine Woche später beim Melken so von der Marthe getreten, dass sie kurz darauf ihren Kopfverletzungen erliegt. Tja, und seitdem ist der alte Bauer mit der Kuh zusammen.»

«Flegel …»

«Hat sie nach Ablauf der Kondolenzzeit sogar geheiratet, wie versprochen. Ganz entzückend soll sie ausgesehen haben in ihrem Blumenschmuck, wie beim Almabtrieb. Nur als sie vor Nervosität mitten in der Kirche einen Fladen fallen gelassen hat, haben wohl ein paar Besucher die Nase gerümpft. Und weil der Ehering nicht über die Hufe passte, musste der Bauer ihn ihr durch die Nase ziehen.»

«Flegel!»

«Aber ansonsten war es eine sehr schöne Hochzeit. Und so eine bezaubernde Braut. Schau sie dir ruhig mal an, du kannst sie nicht verfehlen. Es ist die Dralle mit den dunklen Flecken um die Augen und dem süßen Arsch …»

«Flegel!», zischt Krake ein drittes Mal.

«Heiß ich, bin ich. Was gibt's?»

Krake deutet stumm mit dem Kopf über ihn hinweg. Flegel dreht sich um und sieht den Erbbauern hinter sich stehen; und wenn die ganze Geschichte nicht erstunken und erlogen wäre, denkt der Neue, dann muss seine verstorbene Frau genau so ausgesehen haben, als sie damals in die Küche kam: das Gesicht in Flammen, die Augen hervorgepresst, dass man Angst gekommt, sie könnten gleich herausfallen, seine Hände umklammern den Griff eines Dreschflegels. Hinter ihm steht der alte Knecht und kratzt sich mit dem Daumen am Kropf.

«Was drescht ihr da für leere Ähren?», will der Bauer wissen.

Flegel blickt hilfesuchend zu Krake. Krake schaut auf seine Hände.

«Ich hab euch was gefragt. Wovon redet ihr?», der Bauer geht einen Schritt nach vorn und schlägt hart mit dem Klöppel ins Gras. «Schnitt ins Brot», sagt Flegel mechanisch.

«Die Zungen sollte ich euch abschneiden», sagt der Bauer. «Aber davor werdet ihr mir antworten. Verstanden?»

Krake hat die verbliebenen Finger der rechten Hand in die der linken gekrallt, als betete er um ein Wunder, so wie der Bauer es damals getan haben mag. Aber das hilft ihnen jetzt auch nicht weiter, denkt der Neue, Wunder gibt es nicht, genauso wenig wie Menschen, die sich in Tiere verwandeln, eins steht fest, der Bauer wird uns verdreschen, solche unverhofften Rettungen gibt es nur im Märchen. Da ertönt aus dem Stall gegenüber ein Ruf.

Zuerst nimmt der Neue ihn gar nicht wahr. Erst als der Bauer den Dreschflegel sinken lässt und den Kopf wendet, hört er es auch: ein sehnsüchtiges Klagen, wie von einer Kuh, die das Euter drückt, oder von einem Menschen, den die Worte drücken, der sich nicht äußern kann, der presst und presst, und alles, was aus der Kehle kommt, ist *muh*.

Der Bauer beginnt zu schwanken wie ein Baum bei heraufziehendem Sturm. Sein Kopf dreht sich hin und her zwischen den Dreschern, dem alten Knecht, der betreten seinen Hals knetet und so tut, als hörte er nichts, und dem Stall. Der Schrei ertönt wieder, diesmal lauter, fordernder. Der Bauer scharrt unschlüssig mit dem Fuß, dann nickt er dem Knecht zu und sagt: «Worauf wartet ihr? An die Arbeit.» Er geht Richtung Stall.

Krake, Flegel und der Neue starren ihm nach. «Auf», sagt der Knecht und geht voran in die Tenne. Die drei Drescher folgen ihm schweigend, als hätten sie ihre Zungen verschluckt. Außer ihren Dreschtaktsprüchen sagen sie für den Rest des Tages nichts mehr, und auch als sie abends zum «Raben» trotten, aus dem Hof hinaus, an der Weide entlang und vorbei an den Kühen, die das Gras des Tages wiederkäuen und die Menschen aus unbeweglichen Augen beobachten, sind sie ganz still; alles, was man hört, ist das Schnauben der Tiere und das Malmen ihrer Zähne und das Klappern von drei Paar Stiefeln auf dem sommerdürren Feldweg, klipp-klapp, klipp-klapp, klipp-klapp.

K : Kalium : Element, das als Mineralstoff für alle Lebewesen essentiell ist. Wird dem Ackerboden durch Ernte entzogen und muss ihm daher als Düngemittel wieder zugeführt werden. Im menschlichen Körper ist es für die Aufrechterhaltung eines normalen Blutdrucks wichtig.

$_{20}$Ca

Nachdem die Frau mit dem Schatten nicht nur ihren Mann, sondern nach langem Gerichtsverfahren auch das Sorgerecht für den kleinen Fürchtegott verloren hatte, wurde sie selbst für ihre Verhältnisse reichlich sonderbar. Dass sie ihre mütterliche Zuneigung zunehmend ihren Zimmerpflanzen angedeihen ließ, kam zwar etwas früh, passte aber doch ins Bild der wunderlichen Jungfer, das sie mit Haut und Haaren auszufüllen wild entschlossen schien. Dass sie aber eines Tages begann, ihre fleischfressende Pflanze zu behandeln, als wäre diese ein Kind, ging selbst den verständnisvolleren und für esoterische Kompensationsstrategien aufgeschlosseneren Menschen in unserem Bekanntenkreis zu weit.

«Als ich kürzlich bei ihr zum Kaffeetrinken war, sagte sie plötzlich Richtung Blumenampel: Oh, entschuldige Schatz, dich hab ich mal wieder vergessen. Dann stand sie auf, ging in die Küche, kam mit einem Hipp-Gläschen in der linken und einem rosaroten Plastiklöffel in der anderen Hand zurück und fing an, die Venusfliegenfalle zu füttern», erzählte der Hausfreund. «Ein Löffelchen für Mama, ein Löffelchen für Oma, eins für Papa, und bei diesem letzten Wort lachte sie laut auf, also es war eigentlich kein Lachen, mehr so ein Aufschrei, $_{13}$**Al**s hätte ihr die Pflanze in den Finger gebissen, und ich wollte ehrlich gesagt lieber nicht wissen, wer mit dem Papa gemeint sein könnte, und machte, dass ich wegkam.»

«Stimmt das eigentlich, was der Hausfreund erzählt?», fragte ich die Frau mit dem Schatten geradeheraus, als ich sie das nächste Mal besuchte.

«Keine Ahnung», die Frau mit dem Schatten sah mich belustigt an, als wüssten wir beide, dass man Erzählungen des

Hausfreunds stets mit einer gehörigen Prise Salz nehmen musste. «Was sagt er denn?»

«Du weißt schon. Dass du diese eine Pflanze, deine Venusfliegenfalle. Dass du sie vielleicht etwas zu sehr vermenschlichst. Verhätschelst. Also um genau zu sein, behauptet er, dass du sie mit Babynahrung fütterst.»

«Bitte?», fragte die Frau mit dem Schatten. Und dann, nach einer kurzen Pause: «Haltet ihr mich eigentlich für bescheuert? Meint ihr, nur weil sie mir Fürchtegott weggenommen haben, hätte ich den Verstand verloren?», sie sagte das nicht empört, eher so, als erkundigte sie sich nach dem Befinden ihres Gegenübers.

«Nein», beeilte ich mich zu sagen. «Aber …»

«Dann ist ja gut.» Die Frau mit dem Schatten ließ sich auf das Sofa zurückfallen. «Natürlich füttere ich Aphrodite nicht mit Babynahrung», sie schüttelte mit verkniffenem Lächeln den Kopf, «ich *stille* sie noch. Sie ist ja noch nicht mal ein halbes Jahr alt. Und während der ersten Lebensmonate ist Muttermilch bekanntlich besonders wichtig.»

Ein Moment der Stille. Dann ließ die Frau mit dem Schatten dieses Lachen ertönen, das der Hausfreund beschrieben hatte und das tatsächlich wie ein Schrei klang, und als ich mich unwillkürlich nach der Ursache für ihre Schmerzen umsah, fiel mein Blick auf die Pflanze, die auf einem Beistelltisch neben dem Sofa stand. Ich hätte nicht sagen können, ob sie schon die ganze Zeit dort gewesen war oder sich gerade erst zu uns gesellt hatte; jedenfalls reckte sie ihre kleinen roten Fangblätter in unsere Richtung, als würde sie uns aufmerksam zuhören.

«Das war ein Witz», sagte die Frau mit dem Schatten streng, als sie bemerkte, dass ich nicht mitlachte.

«Natürlich», ich nickte beflissen.

«Dann bin ich ja erleichtert.» Die Frau mit dem Schatten seufzte, lehnte sich zurück und schloss die Augen. Ihre Wimpern sahen aus wie die Fangborsten einer Venusfliegenfalle. Ihr rechtes, gerötetes Augenlid zuckte, der Augapfel darunter pulsierte wie ein dickes, gefangenes Insekt.

Ca : Calcium : Metall, das für alle Lebewesen essentiell ist. Für den Aufbau der Zähne wichtig und vor allem in Milchprodukten enthalten.

$_{21}$Sc

Und Gott sprach: Es werde Licht! Und der $_{15}$Platzwart schaltete das Licht ein.

Und Gott sprach: Es werde laut! Und die Mannschaft des HErrn lief auf das Feld, und ihre Anhänger empfingen sie mit Gebrüll.

Und Gott sprach: Ich kann euch nicht hören! Und das Gebrüll schwoll an bis zur Unerträglichkeit und brachte die Gläser der Stadionscheinwerfer zum Bersten.

Und Gott sprach: Es werde spannend! Ein frühes Führungstor für die Gäste, dann noch ein zweites gegen Ende der ersten Halbzeit, erst in der siebzigsten Minute der Anschlusstreffer und kurz vor Ende der regulären Spielzeit, wenn sich der Gegner bereits die Eier schaukelt, der überraschende Ausgleich. Danach alle Mann zurück in den Strafraum und Beton anrühren, verstanden? Ein Unentschieden genügt uns.

Und die Spieler taten, wie ihnen geheißen, und siehe: Es war sehr gut.

Sc : Scandium : leicht entzündliches Metall. Eine wichtige Anwendung findet es in Flutlichtlampen, wie sie in Fußballstadien eingesetzt werden.

$_{22}$Ti

Wir wissen, was du letzte Nacht gemacht hast. Wir wissen, dass du deinen Leibwächtern eine Extraportion Wein versprochen hast, wenn sie dich nicht verraten. Wir wissen, dass du auf das nächstbeste Feld geschlichen bist wie ein Dieb, wir wissen, dass du dein Ding aus der Toga gezerrt hast wie ein Schwert, wir wissen, dass du es unserer Mutter in die Furche gesteckt hast wie eine Pflugschar.

Und weißt *du* etwas? Wir sind groß, wir sind stark, wir sind viele, und wir sind ziemlich sauer. Also lass gefälligst die Pfoten von unserer Mutter. Geh doch zu einer Hetäre. Geh in die Stallungen der Kavallerie und knöpf dir eine der Stu$_{52}$**Te**n vor, oder fick dich ganz einfach selber.

Ja, du hast uns ganz richtig verstanden: *Futue te ipsum.* Nein, das ist nicht nur so eine Redewendung. Doch, glaub uns, wir können das, alles eine Frage der Körperbeherrschung. Beklagenswert, wem diese Fähigkeit nicht vergönnt ist. Nein, wir werden dir nicht beibringen, wie das geht. Nein, du kannst uns auch nicht dabei zuschauen. Nein, auch nicht ausnahmsweise; nein, auch nicht gegen Geld.

Ti : Titanium : Titan : silberglänzendes Metall. Nach den Söhnen der römischen Erdgöttin Tellus benannt. Unterscheidet sich von anderen Metallen unter anderem darin, dass ihm kein Geschlecht zugeordnet ist: Während Gold traditionell als männlich gilt und Silber als weiblich, ist Titan androgyn, «maskulin oder feminin», wie Hugh Aldersey-Williams schreibt, «beides zugleich oder keines von beidem».

23V

Unsere Fruchtbarkeitsgöttin ist so mächtig, dass alle Gegenstände, die sie berührt, sich umgehend zu vermehren beginnen. Will sie einen Apfel essen, wächst, noch bevor sie von ihm abbeißen kann, aus seinem Kernhaus ein Baum. Will sie musizieren und klemmt sich zu diesem Zweck eine Geige unters Kinn, schwillt das Instrument bereits während der ersten Takte zum Kontrabass und bricht ihr durch seine Größe beinah das Genick. Legt sie sich schließlich erschöpft zu Bett, türmen sich binnen Sekunden die Decken über ihrem Körper und drohen sie zu ersticken.

Kein Wunder, dass unsere Fruchtbarkeitsgöttin von ihrer Rolle allmählich die Nase voll hat. Doch als sie kürzlich ein Kündigungsschreiben an die zuständige Götterdienststelle aufsetzen wollte, schwoll die Tinte unter ihren Fingern schon nach wenigen Zeichen zum Strom. Ein schwarzer Strahl schoss über den Tisch, schwemmte das Tintenfass fort, entriss ihr Papier und Feder und trug unsere Göttin aus ihrer Kammer, das Treppenhaus hinunter, durch die Tür und die Straße entlang, bis sie sich endlich an einem, nein zwei, nein vielen Laternenmasten festhalten konnte.

V : Vanadium : Übergangsmetall. Nach Vanadis, einem Beinamen der nordischen Fruchtbarkeitsgöttin Freya, benannt.

$_{24}Cr$

Ich weiß nicht mehr, was wir genommen hatten, ich weiß nur noch, dass ich einer plötzlichen Eingebung folgend aus dem Beifahrerfenster des fahrenden Autos kletterte, mich an der silbernen Reling festhielt und aufs Dach zog. Als ich mich an die Geschwindigkeit gewöhnt hatte, ließ ich die Dachreling los und richtete mich auf, den linken Fuß schräg nach vorn gesetzt, den Körperschwerpunkt über dem rechten, wie auf einem Surfbrett. Der Fahrtwind drückte das T-Shirt an meine Haut, über meinem Kopf glitten die Blätter der Straßenbäume dahin und stürzten lautlos hinter dem Auto ins Dunkel.

Als ich über die linke Schulter blickte, sah ich den Kopf des Psychos über der Reling, seine Glatze mit den fünf Haarbüscheln, die er nach vorne toupiert hatte wie die Strahlen der Freiheitsstatue. Er grinste und verschwand wieder, aber nur um Schwung zu holen, fünf Sekunden später stand er neben mir und wedelte mit den ausgestreckten Armen, als drohte er das Gleichgewicht zu verlieren.

Live fast, die young, brüllte er, und dann fing er an, «Surfin' USA» von den Beach Boys zu singen, sehr laut und sehr falsch und mit nur lückenhafter Textkenntnis, weshalb er ständig auf Füllwörter wie «scha la la la» oder «da da da» ausweichen musste, «komm schon, sing mit!», brüllte er, «wenigstens den Refrain», eine Aufforderung, der ich vielleicht sogar Folge geleistet hätte, wenn mir nicht mit einem Mal aufgefallen wäre, dass der Mann, der da neben mir auf dem Autodach surfte, wenige Augenblicke zuvor noch unser Fahrer gewesen war.

«Wer sitzt eigentlich am Steuer?», unterbrach ich ihn.

«Niemand.»

«Wie bitte?»

«Sag bloß, du hast unseren alten Freund Niemand vergessen», der Psycho duckte sich unter einem Ast hindurch.

Ich ging in die Knie und tastete nach der Dachreling.

«Na was denn, ich dachte, wir wollten jung sterben», sagte der Psycho vorwurfsvoll und setzte sich neben mich. «Keine Sorge», fügte er nach ein paar Sekunden hinzu. «Der Mormone steuert.»

«Der Mormone hat keinen Führerschein», wandte ich ein. «Außerdem sitzt er auf dem Rücksitz.»

«Dann steuert er eben mit Hilfe seiner übersinnlichen Kräfte», der Psycho zuckte gelangweilt mit den Schultern.

«Und was ist, wenn wir plötzlich bremsen müssen? Wegen eines Stoppschilds zum Beispiel? Scheiße», brüllte ich, «da vorne steht ein Stoppschild», und einen Sekundenbruchteil später brüllte auch der Psycho und hämmerte wie ein Besessener auf das Autodach, «da vorne steht ein Stoppschild, verdammte Scheiße, brems!»

Wir konnten nicht ahnen, wie schnell der Mormone dieser Aufforderung Folge leisten würde. Wir wussten ja nicht, dass er zwischenzeitlich auf den Fahrersitz geklettert war und sich nun, kaum dass er uns hämmern und schreien hörte, mit voller Wucht auf die Bremse stellen würde. Die Fliehkraft riss mir die Dachreling aus der Hand und katapultierte mich auf die Straße, Himmel und Erde verwischten, das Blätterdach der Platanen vermischte sich mit dem Schwarz des Asphalts.

Als ich die Augen wieder öffnete, sah ich mein Ebenbild. Mein Kopf stieg in einer langen, dünnen Schliere zum Himmel. Mein Körper schien in sich zusammengesunken auf dem Asphalt zu liegen, und einen Moment lang war ich überzeugt, dass ich gerade meiner Seele dabei zuschaute, wie sie meinen sterblichen Überresten Adieu sagte. Dann wurde mir klar, dass ich in die Spiegelung einer Radkappe blickte, in die blank polierte Felge eines Siebenundsechziger Mustang.

Cr : Chrom : silbriges Metall. Wird zum Korrosions- und Hitzeschutz sowie zur Dekoration unter anderem auf Autofelgen und Stoßstangen aufgebracht.

$_{25}$Mn

Der Duracellhase ist der einzige bekannte Nager, der über keine Vorderzähne verfügt. Er ernährt sich vorwiegend von Alkaline-Batterien, doch sind ihm vor allem in harten Wintern alle Batterie- und Akkusorten Leckerspeise. Der Pelz des Duracellhasen besteht aus kurzen Woll- und langen Grannenhaaren. Er ist auf der Oberseite rosa mit rosafarbener Sprenkelung, am Hals rosa, nach hinten rosa, an der Unterseite rosa, auch das Bürzel sowie die Lampe sind rosa.

Der Duracellhase ist sowohl nacht- als auch tagaktiv, an heiteren Sommertagen sieht man ihn schon vor Sonnenuntergang und noch lang nach Morgengrauen im Feld herumstreifen. Seine Rammelzeit beginnt Anfang März, bei gelinderem Wetter schon Ende Februar, im Allgemeinen umso eher, je mehr Batterieleistung er noch hat.

Etwa vierzig Tage geht die Häsin tragend, das Wochenbett ist eine wiederverschließbare D-Click-Packung mit Sichtfenster. Die Jungen kommen mit weit aufgerissenen Augen und manischem Grinsen zur Welt. Die Mutter verweilt nur fünf bis sechs Tage bei ihren Kindern, dann überlässt sie sie ihrem Schicksal. Nur von Zeit zu Zeit kommt sie noch an den Ort zurück, an dem sie die kleine Brut ins Leben entließ, lockt sie durch das eigentümliche Geklapper einer vor ihren Bauch geschnallten Trommel an und lässt die Duracellhäschen säugen.

Mn : Mangan : silbriges Übergangsmetall. Wird, als Mangandioxid, in zahlreichen Batterietypen als Kathodenmaterial verwendet.

$_{26}$Fe

Ein erbauliches Ereignis, das Gaius Iulius Caesar in seinem großen Bericht über den gallischen Krieg leider verschweigt:

Wie ein Soldat der neunten Legion eines Abends, im Sommer des Jahres 58 vor Christus und unter dem Eindruck der blutigen Schlacht bei Bibracte, vor seinen im Feldlager versammelten Kameraden mit bebender Stimme ein von ihm selbst ins Lateinische übertragenes Wort des Propheten Micha vortrug. Wie daraufhin unter den Legionären ein erbitterter Disput darüber anhub, wie diese Stelle zu interpretieren und auf ihre gegenwärtige Situation anzuwenden sei. Und wie schließlich, es war bereits reichlich Wein geflossen, ein $_{52}$**Te**il der Legionäre beherzt zu den Waffen griff, unter Kriegsgeschrei und mit emporgereckter Standarte auf den nächstgelegenen Acker stürmte und dort umgehend begann, mit blanken Schwertern auf die Krume einzuschlagen, die Erdklumpen mit wuchtigen Hieben zu zerspalten, sämtliche Käfer und Regenwürmer, die nicht bei drei unter der Erde waren, niederzumetzeln, immer wieder, unermüdlich; bis der Acker wie frisch gepflügt dalag und die Legionäre, erschöpft von ihrem Kampf gegen einen zwar waffenlosen, aber unbesiegbaren $_{32}$**Ge**gner, zwischen den Furchen niedersanken und in traumlosen Schlaf verfielen.

Fe : Ferrum : Eisen : das für die militärische Entwicklung der Menschheit wohl wichtigste Element. Von den Alchemisten dem Kriegsgott Mars zugeordnet. Eignet sich neben der Produktion von Schwertern aber auch zur Herstellung ziviler Gerätschaften wie Pflugscharen.

$_{27}Co$

Einen schönen Hut haben Sie da!

Sehr freundlich, Madame. Ich trage ihn heute zum ersten Mal.

Was Sie nicht sagen! Er passt Ihnen wie angegossen, ach was: wie ange*boren*! Wenn er nicht so breitkrempig wäre, und wenn ich nicht wüsste, wie eng so ein Beckenkanal ist, würde ich sagen: Sie sind damit auf die Welt gekommen!

Ich muss Sie enttäuschen: Ich bin gar nicht auf die Welt gekommen.

Aber … wie ist das möglich?

Vielleicht ist die Welt zu mir gekommen. Vielleicht war ich schon immer hier. Vielleicht bin ich auch einfach mutiert, wie eine Kaulquappe. Ich kann mich nicht erinnern. Es ist ja schon eine Ewigkeit her.

Daher Ihre vergilbten Augen.

Äh … ja. Ich dachte immer, sie seien orange.

Pardon, ich wollte Ihnen nicht zu nahe treten. Sie sind wunderschön. Wirklich. Nicht zuletzt korrespondieren sie aufs Vortrefflichste mit Ihrem Hut.

Komplementärkontrast.

Wie bitte?

Die Augen sind orange, der Hut ist blau. Aber erst im Zusammenspiel bringen die Farben einander richtig zur Geltung.

Das haben Sie schön gesagt.

Das hat mir der Hutverkäufer erklärt. Ich bin nur ein Schatten seiner selbst.

Ach, hören Sie doch auf, sich so klein zu machen.

So bin ich nun einmal! Sooo klein – mit Hut!

Na, Sie werden doch nicht anfangen zu weinen! Na, Sie

werden doch nicht in sich zusammensinken! Na, Sie werden doch nicht mit den Krallen Ihrer Pitsche-Patsche-Händchen das Parkett zerkratzen! Was machen Sie denn da? Beruhigen Sie sich doch! Kommen Sie, legen Sie Ihren Kopf auf meinen Schoß. Wenn Ihr Hut Sie dabei stört, nehmen Sie ihn einfach … Holla! Was kommt denn da zum Vorschein?

?

n

n

e

d

s

a

W

Ihr Horn! Jetzt wird mir manches klar.

Nämlich?

Warum Ihr Hut so breit ist, zum Beispiel.

Und was noch?

Warum Sie … [16]**S**chlingel! Was machen Sie denn da?

Was glauben Sie?

Ich muss schon sagen. Das habe ich noch nie …

Es gibt immer ein erstes Mal.

Und eine zweite Wahl. Und einen letzten Grund. Und … Oh, là, là! Sie verstehen aber Ihr Geschäft.

Kein Geschäft, Madame. Vergnügen.

Das Vergnügen ist ganz meinerseits. Aber erlauben Sie die kritische Zwischenfrage: Was, wenn unser unverhofftes Stelldichein, wie soll ich es ausdrücken, in einer unerwünschten Leibesfrucht resultierte?

Mit einem Horn? Unmöglich! Nicht umsonst gibt es den Begriff der empfängnislosen Befleckung.

Gibt es den?

Bestimmt.

Ein hässlicher Ausdruck für eine schöne Sache.

So ist es ja häufig.

Co : Cobalt : Kobalt : silberblau glänzendes Metall, das in Verbindungen intensiv leuchtet und zur Färbung von Kirchenfenstern verwendet wird. Kobaltblau ist daher die traditionelle Farbe für das Kleid der Jungfrau Maria. Der Name ist von dem Wort *cobaltum*, ‹Kobold›, abgeleitet.

$_{28}$Ni

Es ist Sonntagabend, es ist kurz vor Mitternacht, und wir befinden uns auf einem Jahrmarkt in einem nordwestlichen Randbezirk von Berlin. Der kleinste Riese der Welt ist bereits in sein viel zu großes Bett gekrochen, der furchtsame Feuerschlucker hat sich an der Flamme eines Teelichts überfressen und zum Verdauungsschlaf zurückgezogen, die Boa Constrictor mit Rückenproblemen ist bei ihrer allabendlichen Krankengymnastik und Madame Pythias Kristallkugel ist für die Nacht erblindet – nur am Schießstand herrscht noch Betrieb: Der ältere, untersetzte $_2$**He**rr mit Lodenmantel, Breitcordhose und Gamsbartimitat am Hut hat soeben die letzten zehn Euro seiner Rente auf den Tresen der Bude geblättert, um endlich die letzten der erforderlichen tausend Luftballons zu zerschießen und so den riesigen blauen Teddybären zu gewinnen, der oben links in der Ecke hängt.

Obwohl das schon rein rechnerisch nicht mehr möglich ist, für den Hauptgewinn fehlen dem Herrn noch achtundzwanzig Treffer, sein Geld reicht nur noch für zwanzig Schuss, aber das ist ihm jetzt gleichgültig, er hofft auf ein Wunder, auf ein Eingreifen von ganz oben oder von ganz unten, egal … und sieh mal einer an, *lupus in fabula* beziehungsweise wenn man vom Teufel spricht: Wer kommt denn da aus dem Schatten hinter dem Zuckerwattestand geschlichen? Das ist doch, das ist doch, wenn mich nicht alles täuscht, ist das der alte Versucher persönlich!

Er wittert seine Chance: Er macht dem verzweifelten Rentner ein Angebot, das er nicht ablehnen kann! Ouh, er versucht es auf die ganz alte Masche, da wird der untersetzte Herr doch hoffentlich nicht drauf reinfallen! Oh nein! Er schüttelt dem

Teufel die Hand! Er nickt! Er verspricht ihm seine Seele, oder womöglich die seines Enkels! Jetzt nimmt er aus den nach Schwefelwasserstoff stinkenden Händen seines Gegenübers die magische Kugel entgegen, den Freischuss, mit dem er alle für den Hauptgewinn erforderlichen Luftballons auf einen Streich zerschießen kann! Er legt sie in den Lauf seines Luftgewehrs. Er spannt den Hahn. Er zielt, er schießt und …

Das darf doch nicht wahr sein! Die Kugel zerfetzt tatsächlich alle noch an der Wand befindlichen Ballons, einen nach dem anderen, peng, peng, peng! Sie fliegt in Schlangenlinien die Rückwand der Bude entlang und räumt alles ab! Doch damit gibt die Kugel sich nicht zufrieden, nein, sie fliegt noch einen Looping, schwirrt durch den Schießstand wie ein aufgescheuchtes Insekt, flattert schlingernd ins Freie, hält in ein paar Metern Entfernung vor der Bude inne, als wollte sie Anlauf nehmen – und fliegt dann mit voller Geschwindigkeit dem Teddybären ins Herz.

Sein zahnloser Mund öffnet sich und gibt den Blick auf eine rosarote Plüschzunge frei. Die Glasaugen des Bären weiten sich, werden starr und brechen. Ein Blutfleck tritt aus dem Einschussloch in seiner Brust aus, breitet sich auf dem hellblauen Pelz aus, bis er die Form des kontinentalen Frankreich hat, handtellergroß, dann hört das Herz auf zu pumpen.

Der Schießbudenbesitzer nimmt den Bären stumm von der Wand und drückt ihm mit einer sanften Bewegung der rechten Hand die Augen zu. Waidmannsheil!, wispert er und reicht ihn dem Herrn mit dem Lodenmantel. Waidmannsheil, sagt der Schütze und betrachtet den leblosen Bären. Er lässt ihn in den Dreck vor der Bude gleiten. Er setzt ihm einen Stiefel in den Nacken, den Gewehrkolben auf den Kopf und posiert für eine imaginäre Kamera. Schade, dass er keine dabei hat, denkt er, er würde jetzt gern jemanden bitten, ihn zu fotografieren, er macht den Schuss seines Lebens, und keine Sau schaut zu.

Ni : Nickel : Übergangsmetall, das in Legierungen zur Härtung von Munition verwendet wird. Sein Name kommt aus der Bergmannssprache: Er leitet sich von den ‹Nickeln› oder ‹Nickern› her, Kobolden, die vermeintlich das Erz verhexen.

$_{29}$Cu

Nun, da das Schicksal oder wahrscheinlich eher das freundliche Fräulein vom Check-in uns für die nächsten zwölf Stunden nebeneinander platziert hat, können wir ja gleich die ganz heißen Eisen anpacken. Auf los geht's los: Sind Sie liiert?

Wie bitte?

Mann, Frau?

Äh … Frau.

Ah ja, ich auch. Und: Wie ist das so?

Wie meinen Sie das?

Ah ja, wie bei mir. Wenn ich Ihnen auf die Nerven gehe, müssen Sie es nur sagen.

Sie gehen mir auf die Nerven.

Entschuldigung. Soll nicht wieder vorkommen.

Schon gut.

Verzeihen Sie, wenn ich noch einmal störe, aber unser Gespräch von vorhin lässt mir einfach keine Ruhe. Wie sieht Ihre Frau eigentlich aus?

Wie soll sie schon aussehen? Augen, Nase, Mund. Punkt, Punkt, Komma, Strich. Wenn ich mich recht erinnere, hängen links und rechts noch zwei Ohren dran.

Ah ja, wie bei meiner. Haare?

Natürlich hat sie Haare, was ist eigentlich los mit Ihnen, Mann?

Entschuldigung. Soll nicht wieder vorkommen.

Schwarz? Weiß?

Wie bitte?

Die Haare. Von Ihrer Frau.

Mein Gott, Sie lassen wirklich nicht locker.

Das sagt meine Frau auch immer. Aber lenken Sie nicht vom Thema ab.

Also, wenn Sie es unbedingt wissen wollen: Sie sind rot.

Genau wie bei meiner!

Ja. Toll. Ein wahnsinniger Zufall. Haben wir also doch etwas gemeinsam. Wenn Sie mich jetzt bitte in Ruhe **57Lassen** *würden …*

Natürlich. Entschuldigung. Nichts für ungut.

❚❚

Überall?

Was wollen Sie denn jetzt schon wieder?

Ob sie überall rote Haare hat? Ihre Frau.

Nein! Gott sei Dank hat sie nicht überall rote Haare! Sie ist ja kein Orang-Utan!

Aber: Überall dort, wo sie Haare hat, sind sie schon rot, oder? Unter den Achseln, an den Beinen …

Sie rasiert sich die Beine, und auch unter den Armbeugen. Und wenn Sie jetzt endlich …

Der Flaum auf ihrer Oberlippe? Die Scham?

Da Sie ja angeblich ebenfalls eine rothaarige Frau haben, können Sie sich diese Fragen sicher selbst beantworten. Guten Flug noch. Unser Gespräch ist für mich beendet.

Dabei gäbe es noch so viele Dinge, über die wir uns unterhalten könnten! Die Haut zum Beispiel: diese unvergleichliche Rothaarigenhaut. Sie hat die Farbe von frisch gemolkener Milch, stimmt's?

Nein.

Und diese Sommersprossen! Überall Sommersprossen! Im Gesicht, auf dem Hintern, zwischen den Beinen!

Nein!

Als hätte man sie in Milch gebadet und mit Schokostreuseln garniert!

Nein!

Und wenn man erst daran nascht! Diese Rothaarigen! Wenn sie einmal in Fahrt kommen, sind sie so unermüdlich wie ein Duracellhase.

Ich rede nicht mehr mit Ihnen.

Ah ja. Genau wie meine Frau.

Cu : Cuprum : Kupfer : rötlich schimmerndes Übergangsmetall. In der alchemistischen Theorie mit dem Planeten Venus assoziiert.

$_{30}$Zn

Anfang Januar, beim ersten Picknick des Jahres, ließen sich die Moskitos in Wolken auf unseren Tellern nieder, Legionen schwarzer Flügel pulsierten im Takt, als sei dem Kunststoffgeschirr ein Pelz gewachsen. Anfang Februar trugen wir die Sonnencreme fliegendick im Gesicht, Mobiltelefone klebten an Wangen, wo sie am Ende eines Gesprächs vergessen worden waren, wildfremde Menschen prosteten sich scherzhaft mit leeren Niveaflaschen zu. Anfang März zogen die Störche nach Norden. Manche flogen zu nah an der Sonne, wurden im Flug gebraten und stürzten ins kochende Meer. Auch die Flugzeuge versammelten sich zu Schwärmen, stiegen zum Himmel empor und brachten alle, die es sich leisten konnten, nach Spitzbergen. Als sich Anfang April die Erde auftat und ein Mann mit zwei Hörnern und Pferdefuß in die Kühle der Hölle hinabstieg, wussten w$_{77}$**Ir**, dass es ein Jahrhundertsommer werden würde.

Zn : Zink : Übergangsmetall. In Verbindung mit Sauerstoff, als Zinkoxid, ein wichtiger Bestandteil von Sonnenschutzmitteln.

31Ga

Wenn sich das Wetter ändert, tanzen die Hähne auf den Dächern. Wenn sie Flamenco tanzen, heißt das: Ein Zwischenhoch über den Azoren sorgt vorübergehend für früh**3Li**ngshafte Temperaturen. Tanzen sie eine Ecossaise, heißt das: Ein Tiefdruckgebiet über den Britischen Inseln bringt feuchtwarme Meeresluft zu uns. Ein Ländler bedeutet: Föhn, ein Walzer: Regen. Polka: Graupel. Pogo: Sturm. Wenn die Hähne tanzen, blicken die Mäuse ehrfurchtsvoll zu ihnen auf, und selbst die Katze vergisst für einen Moment ihre Einsamkeit. Die Schnäbel schwirren, metallene Schwanzfedern klirren, die Hennen im Hof hören auf zu scharren, blicken zum Dac**72Hf**irst und verzehren sich vor nicht gekannter Sehnsucht. Wenn die Wetterhähne tanzen, bleibt kein Hühnerauge trocken.

Ga : Gallium : Metall, erstmals von dem Chemiker Paul Émile Lecoq isoliert und nach dem lateinischen Wort für Frankreich benannt. Der Chemiker musste sich aber zeitlebens des Vorwurfs erwehren, er habe mit dem Namen auch sich selbst ein Denkmal setzen wollen: Schließlich bedeutet *gallus* nicht nur ‹der Gallier›, sondern auch ‹der Hahn› – auf Französisch *le coq*.

$_{32}$Ge

Abteiluuung – halt! Reeechts – um! Rührt euch!

Ich sagte: Rührt euch, ihr faulen Schweine! Sitzt ihr auf euren Ohren? Bewegt euren Hintern! Klatscht in die Hände! Zeigt mir, was ihr habt! Gebt mir ein P! Gebt mir ein A! Gebt mir ein R! Gebt mir ein T! Gebt mir ein Y! Und das ergibt? Jawoll, meine Herren: P-A-R-T-Y!

Na los! Zieht die Uniformjacken aus! Knöpft eure Hemdkragen auf, ach was, reißt euch die steifgebügelten Dinger einfach vom Leib, die Hosen auch, runter mit den khakifarbenen Schlüppis, macht euch ein bisschen nackig! Lasst die Musik die Kontrolle übernehmen! Grölt lautstark Protestsongs, hüpft im Rhythmus auf und ab und schüttelt euer Haar für mich, wilde Männer – apropos: Lasst euch gefälligst die Haare wachsen! Und hört auf, jeden Tag eure piefige Stube zu fegen, das hält ja kein Mensch aus, von diesem Hygienefimmel kriegt man ja Hautausschlag!

Also Schluss mit der Körperpflege, ich will ein bisschen mehr Dreck und Anarchie in der Truppe sehen. Mehr Widerspruchsgeist, militärischer Ungehorsam, verstanden? Rührt dem Unteroffizier, also mir, abends Senf ins Bier, steckt mir Würfelzucker in den Tank, schmiert mir die Windschutzscheibe mit Hundekot ein, überhaupt, macht mehr Scheiß!

Haltet die Hand eures schlafenden Stubenkameraden in lauwarmes Wasser und schaut, ob er sich einpullert. Schleicht euch nachts aus der Kaserne, fahrt betrunken mit dem Panzer ins nächste Dorf und pflügt unterwegs Zäune, Äcker und Beete um! Verwüstet den Dorfkrug, zettelt mit der Landjugend Streit an, verführt ein paar junge Dinger und streitet, wenn euer Stelldichein in einer unverhofften Leibesfrucht resultieren sollte, alles ab! Macht euch endlich ein bisschen locker! Kehrt euer Innerstes nach außen! Seid ihr selbst! Präsentiiiert – das Gefühl, und zwar sofort! Das ist ein Befehl!

Ge : Germanium : hartes, sprödes Halbmetall. Von dem Chemiker Clemens Wink er entdeckt und zu Ehren des Vaterlands nach dem lateinischen Wort für *Deutschland* benannt. Da es für Infrarctlicht durchlässig ist, findet das Element bei der Herstellung von militärischen Nachtsichtgeräten Verwendung.

33As

Einer großen Boulevardzeitung entnehme ich, dass du einen Hersteller feinsaurer Qualitätsprodukte verklagen willst, weil du von einer seiner Essiggurken gebissen worden bist. Im Fleisch (sagt man *Fleisch*?) einer Gewürzgurke der Sorte *knackig & scharf* (deine Lieblingssorte und eine Spezialität, für deren Qualität besagter Traditionshersteller mit seinem guten Namen bürgt) habe sich ein Schneidezahn befunden, und dieser Schneidezahn habe sich, gerade als du in die Gurke beißen wolltest, in deinen Gaumen gebohrt und dir dort eine schmerzhafte, ja blutende Wunde zugefügt – gerade so, als hätte die Gurke dich essen wollen, die du doch eigentlich die Gurke essen wolltest, wie der Autor des Artikels mit für besagte Boulevardzeitung ungewöhnlich feiner Ironie anmerkt. Dazu sei es aber nicht gekommen, so der Artikel weiter, du habest die Gurke nicht gegessen, sondern mitsamt dem Zahn ausgespuckt, eingepackt und zur nächsten Polizeidienststelle gebracht. Der zuständige Beamte habe sofort die Ermittlungen aufgenommen, um zu überprüfen, ob es sich möglicherweise um ein Gewaltverbrechen handle, allerdings nicht etwa an dir, die du ja immerhin eine Bisswunde davontrugst, sondern an dem ehemaligen Inhaber des Schneidezahns, der diesen ja irgendwie und eventuell unter gewaltsamen Umständen eingebüßt haben müsse. Dir hingegen habe man empfohlen, Anzeige gegen den Traditionshersteller zu erstatten, Zähne hätten in Konserven nichts zu suchen, es sei denn, sie seien ausdrücklich als Zutat oder Zusatzstoff auf dem Etikett vermerkt.

M-hm. (Hatten wir nicht vereinbart, dass du mich in Ruhe lässt?)

Wenn ich mich entgegen unserer Vereinbarung bei dir melde, so geschieht dies teils, um einen Hersteller feinsaurer Qualitätsprodukte vor unberechtigten Schadensersatzforderungen zu schützen, teils, um der Polizei eine zeit-, personal- und kostenintensive Suche nach einem Menschen mit fehlendem Schneidezahn zu ersparen. Nicht zuletzt melde ich mich bei dir aber auch aus einer gewissen Enttäuschung heraus – der Enttäuschung, dass du den Zahn nicht erkannt hast. Denn natürlich gehörte der Zahn, der dich gebissen hat, mir. Es ist derselbe Zahn, den du gesehen hast, wenn ich lächelte, der Zahn, an den ich mit der Zunge stieß, wenn ich deinen Namen aussprach, der Zahn, mit dem ich dir manchmal in die Schulter biss. Und es bedurfte keines Gewaltverbrechers, um ihn zu entfernen; ich habe ihn mir selbst gezogen. So wie man sich früher seiner fauligen Zähne zu entledigen pflegte, habe ich einen Nylonfaden um den Zahnhals gebunden, habe das andere Ende des Fadens um die Klinke der Wohnzimmertür geknotet und diese dann kräftig ins Schloss geworfen.

Aua. (Und wie kam der Zahn ins Glas?)

Ich musste ihn nur von Blut- und Nervenresten säubern, ihn in die nächstbeste Essiggurke stecken, die Gurke zurück in ihr Glas legen und dieses vor dem Wiederverschließen in der Mikrowelle erhitzen, damit der Deckel beim nächsten Öffnen wieder knackt.

Aha. (Und wie kam das Glas zu mir?)

Natürlich wusste ich von früher, dass *knackig & scharf* deine Lieblingssorte ist. Ich wusste auch, wo du diese Gurkensorte für gewöhnlich kaufst; in einem Laden, den ich lange gemieden habe, in dem ich nun aber zu Hause bin. Nicht mit meinem ganzen Körper, nein, nur in Teilen. Ich bin in den Gläsern im Gewürzgurkenregal. Ich bin in den Kunden, die diese Gurken kaufen, ich bin in der Kassiererin, die deine Einkäufe über das Lesegerät schiebt und sich manchmal nach Ladenschluss ein paar Gläser, die ihr Haltbarkeitsdatum überschritten haben, mit nach Hause nimmt. Und nicht zuletzt und vor allem bin ich auch in dir.

Oho. (Kannst du das ein wenig präzisieren?)

Schon bevor sich mein Schneidezahn in deinen Kiefer bohrte, war ich da. Ich habe deine Schritte in den Laden gelenkt, ich habe deine Augen durch die Gänge schweifen lassen, bis dein Blick auf das richtige Regal fiel. Ich habe deine Hand zu dem fraglichen Glas gelenkt und später, zu Hause, deine Finger zu der richtigen Gurke. Ich habe die Gurke in deinen Mund gesteckt, deine Zähne in ihr Fleisch, meinen Zahn in deines. Ich weiß, das hat dir wehgetan, aber mir auch. Denn du musst wissen: Wir sind ein Fleisch. Mein Körper ist schon seit Jahren in deinen gewandert. Ich habe mich jahrelang zerkleinert, habe alles, was sich von mir entfernen ließ, an dich verfüttert, jeden abgeschnittenen Fingernagel habe ich im Mörser zerrieben, jede abgeschnittene Haarsträhne verbrannt und dann meine Asche, meinen Staub über knackig-scharfe Konserven gestreut. Zwar nur in winzigen Dosen, aber du weißt ja: Je kleiner die Potenz, desto größer die Wirkung.

Soso. (Und wozu der ganze Aufwand?)

Zum einen wollte ich dir, ganz egoistisch, so nah wie möglich sein. Zum anderen wollte ich dich, ganz altruistisch, bewahren. Ich konnte den Gedanken nicht ertragen, dass dir etwas zustoßen könnte; dass du eines Tages nicht mehr bist. Deswegen habe ich beschlossen, dich von deiner alten Krankheit, der Sterblichkeit, zu heilen. Ich habe den Tod für dich besiegt.

Hurra. (Und wie?)

Du kennst ja das alte homöopathische Prinzip: *similia similibus*, Ähnliches kann nur durch Ähnliches geheilt werden.

Eine Vergiftung heilt man am besten durch Arsen, Strahlenkrankheit durch Uran, Schlafstörungen durch Koffein. Den Tod kann man entsprechend nur durch etwas bekämpfen, das bereits gestorben ist, und dafür sind Haare und Nägel ideal. Sie sind unsere kleinen Leichname, sie sind schon zu Lebzeiten tot, und jetzt haben sie dich geheilt. Ich mag eines Tages sterben, aber du hast meinen Tod gegessen, du wirst mich überleben, und ich werde als winzige Dosis in dir weiterexistieren. Ich werde mit dir einkaufen, ich werde mit dir Gewürzgurken essen, wo du hingehst, da will auch ich hingehen, und wo du bist, da will auch ich sein. Noch Fragen?

Nein. (   )

As : Arsen : Halbmetall. In Verbindungen hochgiftig, als Arsenik eines der populärsten Gifte überhaupt. Symptome für eine Arsenikvergiftung sind unter anderem Bewusstseinstrübungen sowie Schmerzen im Verdauungstrakt.

$_{34}$Se

Ein gängiges Missverständnis über uns Werwölfe besteht darin, dass man uns für Menschen hält, die sich bei Vollmond in Wölfe verwandeln. Das Gegenteil ist richtig: Wir sind Wölfe, die sich bei Abnehmen des Mondes in Menschen verwandeln, weshalb wir von anderen, echten Wölfen bisweilen verächtlich als Wermenschen beschimpft werden. Verständlich, dass wir nach Kräften versuchen, unsere Doppelnatur zu verbergen und uns in den wenigen Stunden, die wir gemäß unserer wahren Natur verbringen dürfen, geradezu klischeehaft wölfisch verhalten: Wir heulen den Mond an, wir fletschen die Zähne und zerfleischen, was uns an Menschlichem zwischen die Kiefer kommt.

Die physiologischen Ursachen für unsere allmonatlichen Metamorphosen liegen noch weitgehend im Dunkeln. Manche meinen, man werde zum Wermenschen, indem man von einem Menschen gebissen wird; andere machen chronischen Selenmangel für die Verwandlungen verantwortlich. Klar ist nur, dass wir Wermenschen von anderen Wölfen mit größtem Misstrauen beäugt werden, schließlich ist der Mensch der größte Feind des Wolfes. Nicht von ungefähr lautet ein gängiges wölfisches Sprichwort: Der $_{74}$**W**olf ist dem Wolfe ein Mensch.

Se : Selenium : Selen : Halbmetall und essentielles Spurenelement für Menschen und Tiere. Sein Name leitet sich von der Mondgöttin Selene her.

$_{35}$Br

Wenn man doch ein Cowboy wäre, noch nicht ganz bereit, und auf der staubigen Straße, in sich zusammengesunken, immer wieder kurz einnickte über dem sich neigenden Boden, bis man die Pistole ließ, denn es gab keine Pistole, bis man den Löffel abgab, denn es gab keinen Löffel, und kaum das Land vor sich als glattgemähte Heide sah, schon ohne Halfter und Hut.

Br : Brom : Halogen. Seit Mitte des neunzehnten Jahrhunderts in Form von Bromiden als Beruhigungsmittel verwendet. Das englische Wort *bromide* bedeutet entsprechend auch ‹Langweiler›.

$_{36}$Kr

Wenn ich so sagenhaft locker und entspannt bin wie heute, DANN KÖNNTE ICH AUS DER HAUT FAHREN. Ich fühle mich dermaßen harmonisch und ausgeglichen, DASS ICH BEINAHE PLATZE. Meine Seelenruhe BRINGT MICH AN DEN RAND DES WAHNSINNS. Ich bin vollkommen mit mir im Reinen, UND DAS KOTZT MICH AN. Hallo!Haaaallooooo?HörenSiemirüberhaupt zu? Könnten Sie bitte, bitte, bitte VERDAMMTE SCHEISSE NOCHMAL aufhören, mich zu ignorieren?

Kr : Krypton : seltenes Edelgas, sein Name bedeutet ‹das Verborgene›. Der Gefrier- und der Siedepunkt dieses Elements liegen nur etwa vier Grad Celsius voneinander entfernt.

$_{37}$**Rb**

Sechzehn Methoden, die Zeit umzubringen, die leider nicht funktionieren:

$_{1}$Ihr in einer finsteren Gasse auflauern. Mit einem stumpfen Gegenstand zuschlagen.
$_{2}$Ihr eine Grube graben. Den Grund mit nach oben gerichteten Lanzetten spicken, mit Ästen und Blättern bedecken.
$_{3}$Freundschaftliches Verhältnis vortäuschen, Klippenwanderung unternehmen, im richtigen Moment ein gezielter Stoß.
$_{4}$Zu Tode kitzeln.
$_{5}$Erdrosseln.
$_{6}$Arsen.
$_{7}$Alkohol, Alkohol, Alkohol.
$_{8}$Die Armbanduhr über Nacht in ein Glas mit Opium oder Äther legen.
$_{9}$Alle Kirchtürme einreißen. Gotteshäuser zu $_{9}$·**Pa**rkhäusern, Stundenzeiger zu Pflugscharen.
$_{10}$Alle Uhren, gleich welcher Art, ignorieren.
$_{11}$Liebesentzug.
$_{12}$Schlafentzug.
$_{13}$Aushungern.
$_{14}$Die Zeit mitsamt ihrer Brut in einem Eimer voll Wasser ersäufen.
$_{15}$Abwarten und
$_{16}$Tee trinken.

Rb : Rubidium : Alkalimetall. Seine praktischen Verwendungsmöglichkeiten sind begrenzt. Radioaktives Rubidium-87 wird zur Zeitmessung in Atomuhren verwendet.

$_{38}Sr$

Bekanntlich handelt es sich bei Elfen um unfassbar feinstoffliche Wesen, mit spinnwebzarten Flügeln, schwerelos schimmernden Körpern sowie filigran ziselierten, nahezu durchsichtigen Gesichtszügen. Und so fein wie ihre Gesichtszüge sind auch ihre Sinne: Vor allem die Nase der Elfen soll so sensibel sein, dass kein Drogenspürhund es mit ihnen aufnehmen kann.

Wenn man Elfen ein Glas Wein kredenzt, erkennen sie durch kurzes Schwenken und Schnüffeln nicht nur den Jahrgang, die Lagerungsart und die Rebsorte, sondern auch die Bodenbeschaffenheit des Weinbergs, die Hangneigung und die Witterungsbedingungen zur Zeit der Ernte, außerdem die Rasierwassersorte des Winzers sowie, ob eine der Erntehelferinnen während des Rebenpflückens ihre Tage hatte. Wenn in China ein Sack Reis umfällt, können Elfen noch aus mehreren tausend Kilometern Entfernung riechen, ob eines der Körner verdorben war, und zwar gegen den Wind.

Der Geruch von Schweiß, Schimmel, Fisch, Zigaretten, Alkohol, Wanderstiefeln, kalt gewordenem Würstchenheißmachwasser, Kaugummi, entzündetem Zahnfleisch sowie Getränken mit natürlichen oder naturidentischen Aromastoffen ist Elfen aus naheliegenden Gründen unerträglich, weshalb sie, zumindest in reiferem Alter, fast nie unter Menschen gehen, sondern sich so fern von uns aufhalten, wie das auf Erden unter derzeitigen Besiedlungsbedingungen möglich ist. Wenn eine Jungelfe sich doch einmal abends in eine verrauchte Kneipe verirrt, so merken ihre Eltern das, selbst wenn die Jungelfe sich duscht, die Zähne putzt und gründlich ihre Kleider auslüftet, noch siebzehntausend Jahre später.

Angesichts dieser wahrhaft übermenschlichen Sinnesschärfe ist es erstaunlich, dass auch die Elfen noch kein Organ entwickelt haben, mit dem sie radioaktive Strahlung wahrnehmen können. Auch die Elfen im äußersten Nordwesten der britischen Inseln, die aufgrund des dort herrschenden Reizklimas über selbst für Elfen ungewöhnlich feine Nasen verfügen, sollen von dem vermehrten Auftreten von Radioaktivität infolge der Reaktorkatastrophe von Tschernobyl nichts bemerkt haben, bis sie zufällig durch eine am Strand von Mallaig angeschwemmte Zeitung davon erfahren haben. Dies ist umso bedauerlicher, als die Elfen, eben aufgrund der unfassbaren Feinstofflichkeit ihres Körpers, von den gesundheitsschädlichen Auswirkungen radioaktiver Strahlung besonders betroffen sind.

Sr : Strontium : reaktionsfreudiges Metall. Hat als radioaktives Isotop Strontium-90 eine Halbwertszeit von knapp dreißig Jahren. Nach dem schottischen Ort Strontian benannt, in dessen Nähe es entdeckt wurde; das Wort *strontian* stammt aus dem Gälischen und bedeutet ‹Nase der Elfen›.

$_{39}$Y

Sehr geehrter Fahrzeughalter.

Ihnen wird vorgeworfen, am 09.08.2014 um 23.55 Uhr in der Platanenallee als Führer des Personenkraftwagens mit dem Kennzeichen B-AD 666 folgende Verkehrsordnungswidrigkeit nach § 24 StVG begangen zu haben: Sie überschritten die zulässige Höchstgeschwindigkeit innerhalb geschlossener Ortschaften um 24 Stundenkilometer. Zulässige Geschwindigkeit: 50 Stundenkilometer. Festgestellte Geschwindigkeit (abzüglich Toleranz): 74 Stundenkilometer.

Sie saßen außerdem nicht am Steuer des genannten Personenkraftwagens, sondern befanden sich, wenn die uns vorliegende Videoaufzeichnung nicht trügt, auf dem Fahrzeugdach, und zwar in Positur eines Surfers. Die Haltung Ihres Oberkörpers, diese persönliche Anmerkung sei mir gestattet, war beklagenswert. Der Körperschwerpunkt sollte stets über der Brettmitte liegen, der linke Arm weist nach vorn, die Blickrichtung folgt ihm, der Kopf ist aufrecht. Sie sangen außerdem ein Lied von den Beach Boys, meinetwegen, über Geschmack soll man nicht streiten, aber wenn Sie dieses Lied schon unbedingt singen müssen, dann doch bitte in Es-Dur, und der Text lautet immer noch «If everybody had an ocean», und nicht «If everybody lalalala».

Sie trugen außerdem während der genannten Verkehrsordnungswidrigkeit ein T-Shirt mit der Aufschrift *Life's a Beach*, und das gehört, mit Verlaub, verboten. Genau wie Ihre Frisur, asymmetrische Haarschnitte sind ja wohl total Achtziger. Gehen Sie verdammt noch mal zum Friseur, kaufen Sie sich etwas Ordentliches zum Anziehen und nehmen Sie ein paar

Surf- und Gesangsstunden, verstanden? Vor allem aber versprechen Sie mir hoch und heilig, nie, *nie,* NIE wieder die vorgeschriebene Höchstgeschwindigkeit zu überschreiten. Sonst schicke ich Ihnen ein paar eisenharte, durchgeknallte Cracknigger vorbei, die den Vergaser Ihres Kraftwagens mit Kneifzange und Lötkolben bearbeiten werden, und das ist eine Erfahrung, die ich Ihnen gerne ersparen würde, allerdings mache ich mir da weniger Sorgen um Ihren blöden Vergaser als um die Sozialprognose der durchgeknallten Cracknigger, von den dienstrechtlichen Konsequenzen für meine Person ganz zu schweigen.

Dieses Schreiben wurde maschinell erstellt und ist ohne Unterschrift gültig.

Y : Yttrium : weiches, silbriges Metall. Wird, als Yttrium-Eisen-Granulat, in Radargeräten eingesetzt.

$_{40}Zr$

Wenn Steine noch jung sind, können sie sehr verspielt und ungestüm sein und stellen daher besonders für Kleinkinder eine potentielle Gefahr dar. Mit zunehmendem Alter werden sie jedoch sichtlich ruhiger, und wenn sie erst einmal ausgewachsen sind, sind sie der beste Freund und Begleiter des Menschen.

Erwachsene Steine sind gutmütig und schlagtolerant, sie müssen nie gefüttert und nur selten gegossen werden und sind auch sonst äußerst anspruchslose und angenehme Hausgenossen. Sie bellen nicht, sie beißen nicht, sie kacken nicht auf den Teppich und schleppen keine toten Singvögel in die Wohnung, sondern liegen einfach nur friedlich und genügsam in der ihnen zugewiesenen Ecke. Besonders auf Kinder und Demenzkranke soll ihre Anwesenheit beruhigend wirken, und von fachkundiger Hand geführt, können sie auf einen Schlag zahlreiche innerfamiliäre Konflikte lösen.

Bei guter Pflege können Steine mehrere Milliarden Jahre alt werden, und selbst nach ihrem Tod bereiten sie ihren Besitzern bisweilen noch Freude: Sentimentale Steinhalter lassen ihre verstorbenen Lieblinge anschleifen und einfassen und tragen sie zur Erinnerung um den Hals. Wo sonst sieht man organische und anorganische Welt in solcher Eintracht und Harmonie?

Zr : Zirconium : Schwermetall, nach dem Mineral Zirkon benannt, in dem es enthalten ist. Zirkonsteine sind nicht nur ein beliebter Ersatz für Diamanten, sondern mit knapp viereinhalb Milliarden Jahren auch die ältesten bekannten Minerale der Erde.

$_{41}$Nb

Man nehme: seinen Sohn. Man nehme ein scharfes Messer, schneide ihm damit die Luft- und Speiseröhre sowie die Halsschlagader durch und hänge ihn kopfüber an einen Haken. Sobald er ausgeblutet ist, schneide man ihm ein Bratenstück aus der Keule. Man tupfe den Braten mit einem Küchentuch trocken und reibe ihn mit Salz, Pfeffer und Thymian ein. Man erhitze einen Esslöffel Butterschmalz in einem Bräter und brate das Fleisch darin rundherum an. Man heize den Backofen auf 180 Grad vor (Umluft 160 Grad, Gasherd Stufe 3). Man schäle zwei Zwiebeln, zwei Knoblauchzehen, zwei Möhren und eine Selleries_{73}**Ta**nge, schneide sie klein, gebe alles zum Fleisch hinzu und brate sie für einige Minuten mit an. Dann füge man zwei Lorbeerblätter, Nelken und frische Pfefferkörner dazu, gieße einen Viertelliter Rotwein sowie einen halben Liter Fleischbrühe an und lasse den Braten im Backofen für ungefähr eineinhalb Stunden schmoren. Nach dem Ende der Garzeit nehme man ihn heraus, schneide ihn in Scheiben, garniere ihn mit Basilikum und serviere ihn mit Kartoffelkroketten und Mandelbrokkoli den Göttern. Man darf gespannt sein, ob sie nichts merken.

Nb : Niobium : Niob : Metall, das als Zusatz in rostfreien Stählen verwendet wird, etwa bei Schneidewerkzeugen. Sein Name leitet sich von der Tochter des Tantalos her: Dieser soll der griechischen Mythologie zufolge seinen Sohn geschlachtet und den Göttern zum Essen vorgesetzt haben.

$_{42}$Mo

Ich packe in meinen Koffer: eine Zahnbürste.

Ich packe in meinen Koffer: eine Zahnbürste und einen Kamm.

Ich packe in meinen Koffer: eine Zahnbürste, einen Kamm und dich, mein Schatz.

Ich gehe zum Flughafen. Ich komme zur Gepäckkontrolle. Der Bundesgrenzschutzbeamte fragt mich: Was haben Sie in Ihrem Koffer?

Ich sage: Ich habe in meinem Koffer: eine Zahnbürste.

Ich habe in meinem Koffer: eine Zahnbürste und einen Kamm.

Ich habe in meinem Koffer: eine Zahnbürste, einen Kamm und meinen Schatz.

Der Bundesgrenzschutzbeamte sagt: Das glaube ich nicht. Der Bundesgrenzschutzbeamte sagt: Sofort aufmachen.

Ich sage: Nein.

Es kommt zum Handgemenge. Der Bundesgrenzschutzbeamte schlägt mir $_{9}$Fast alle Zähne aus. Ich schlage dem Bundesgrenzschutzbeamten mit meinem Koffer auf den Kopf. Der Bundesgrenzschutzbeamte ist sofort tot.

Ich mache den Koffer auf. Du fragst: Sind wir schon da?

Ich sage: Nein.

Ich sage: Noch nicht ganf.

Ich kämme mir die Haare. Ich putze mir den Zahn. Und dann packe ich in meinen Koffer: die Zahnbürste.

Ich packe in meinen Koffer: die Zahnbürste und den Kamm.

Ich packe in meinen Koffer: die Zahnbürste, den Kamm und die Zähne.

Ich packe in meinen Koffer: die Zahnbürste, den Kamm, die Zähne, die Leiche des Bundesgrenzschutzbeamten und dich, mein Schatz.

Mo : Molybdän: zähes, festes Metall. Findet in Röntgengeräten, wie sie an Flughäfen bei der Gepäckdurchleuchtung zum Einsatz kommen, Verwendung.

43Tc

Zwölf Erklärungen, warum das Ungeheuer von Loch Ness bislang nicht entdeckt wurde, die nicht so recht überzeugen:

1 Das Monster zieht, bevor es seinen See verlässt, immer Trenchcoat, Sonnenbrille und Schlapphut an.
2 Es hält sich, wenn es im Pub sitzt, immer eine aufgeschlagene Zeitung mit zwei Gucklöchern vors Gesicht.
3 Es ist ein Meister der Verwandlung, spricht sieben Sprachen und kann täuschend echt dreißig schottische Dialekte nachahmen.
4 Es beherrscht die geheime Ninja-Technik des Unsichtbarseins.
5 Es ist so klein, dass es unter dem Elektronenmikroskop nicht zu erkennen ist.
6 Es ist so groß, dass es das menschliche Vorstellungsvermögen übersteigt.
7 Es ist ein Teilchen, es ist eine Welle.
8 Wenn es den Bauch einzieht, kann es sich hinter einem Schilfhalm verstecken.
9 Sein Körper besteht aus Moorwasser.
10 Sein Körper ist mit Radar-absorbierendem Material beschichtet.
11 Sein Körper hat die Form eines Tarnkappenbombers.
12 Es lebt schon seit Jahrzehnten unter falschem Namen in Florida.

Tc : Technetium : radioaktives Metall. Kein anderes Element des Periodensystems wurde so häufig irrtümlich ‹entdeckt›. Der Wissenschaftsjournalist Sam Keane bezeichnet es daher als «das Loch-Ness-Ungeheuer unter den Elementen».

$_{44}$Ru

Was tun, wenn Sie, wie von führenden Augenärzten empfohlen, Ihre neue, milchglastrübe, den Blick nach Innen schärfende Brille verschluckt haben und nun Gefahr laufen, an dem darin enthaltenen $_{4}$**Be**ryllium zu sterben? Sie haben wie immer zwei Möglichkeiten: Entweder Sie fügen sich wie in morphinisiertes Schaf in Ihr Schicksal. Oder Sie verschlucken so schnell wie möglich den nächstbesten Arzt oder Apotheker.

Zwingen Sie ihn, notfalls unter Androhung von physischer Gewalt, in Ihren Magen hinabzusteigen. Zerteilen Sie ihn, wenn nötig, zuvor in kleine, mundgerechte Bissen. Kauen und schlucken Sie langsam, damit zu Ihrer akuten Vergiftung nicht auch noch eine Magenverstimmung hinzukommt.

Erinnern Sie den Arzt oder Apotheker, bevor sie ihn sich einverleiben, daran, dass er die Brillenscherben, wenn er im Magen angelangt ist, vollständig entfernen soll. Hoffen Sie darauf, dass die Scherben bei seinem Eintreffen noch vollständig vorhanden sind und den Magen nicht bereits durch den Pförtner in Richtung Zwölffingerdarm verlassen haben. Beten Sie, wenn es sein muss, aber bitte nicht mit vollem Mund.

Geben Sie dem Arzt oder Apotheker zehn bis fünfzehn Minuten Zeit, um seiner segensreichen Tätigkeit nachzugehen; lassen Sie sich von dem Rumpeln und Pumpeln in Ihrem Magen nicht verunsichern, bleiben Sie ganz ruhig und denken Sie an etwas Schönes, zum Beispiel an meine Frau.

Öffnen Sie dann mit einem sterilisierten Skalpell behutsam Ihre $_{56}$**Ba**uchdecke, fassen Sie in Ihren Magen und helfen Sie dem wackeren Grubenarbeiter nach draußen. Reichen Sie ihm die Hand, damit er sicheren Schritts zurück ans Licht kommt, vor allem, wenn er nicht mehr ganz jung, bereits angedaut oder in mundgerechte Bissen zerteilt sein sollte. Oder wollen Sie etwa, dass er sich wehtut?

Ru : Ruthenium : silbriges Übergangsmetall, das in Legierungen zur Härte und Korrosionsbeständigkeit beiträgt. Wird daher zur Herstellung chirurgischer Instrumente benutzt.

${}_{45}$Rh

Um das alte Dichterwort zu überprüfen, dass eine Rose unter jeder anderen Bezeichnung genau so süß dufte wie unter ihrem angestammten ${}_{7}$**N**amen, *a rose by any other name*, beschlossen sie, die Dinge in ihrer Umgebung einfach umzutaufen. Rosen bezeichneten sie ab sofort als «Stinkmorcheln». Das Blümlein Vergiss-mein-nicht nannten sie «Blümlein Leckmich-am-Arsch». Schmetterlinge tauften sie auf den Namen «Kackflattern», die Sonne nannten sie «Pisskugel», anstatt «Ich liebe dich» sagten sie «Ein syphiliskranker Maulesel soll deine verstorbene Großmutter ficken», und den Atem, der während eines Liebesschwurs aus den halbgeöffneten Lippen des vertrauten Partners strömt, bezeichneten sie als «Schabrackentapirfurz». Nur bei sich selbst machten sie eine Ausnahme und nannten sich wie bisher «Affenarsch» beziehungsweise «Du alte Fotze». Und siehe: Die Wörter ließen sich auf den ihnen zugewiesenen Dingen nieder wie Kackflattern auf einer blühenden Stinkmorchel, die Pisskugel lachte vom Himmel, syphilitische Maulesel fickten kadaverisierten Urahnen das Hirn heraus, lustig erschallten die Schabrackentapirfürze: Es war eigen${}_{81}$**Tl**ich alles wie immer.

Rh : Rhodium : hartes Übergangsmetall, dessen Salze teilweise eine rosarote Farbe haben. Daher nach dem griechischen Wort für ‹Rose› benannt.

$_{46}$Pd

Bis vor kurzem hatte ich eine fleischfressende Pflanze. Das heißt, die letzten zwei Monate ihres Daseins war sie keine fleischfressende Pflanze mehr, sondern eine pflanzenfressende Pflanze, oder vielleicht auch pflanzenfressendes $_{9}$**F**leisch, wer weiß, es ist ja nichts von ihr übrig. Aber der Reihe nach.

Alles fing damit an, dass mir der heilige Antonius von Padua im Traum erschien, mit spitzen Fingern zusammengerollte Gelbwurstscheiben aus meiner Nase zog und bei jeder Scheibe, die er hervorholte, vorwurfsvoll *Vielfraß! Vielfraß!* rief. Das heißt, es kommt mir vor, als hätte er eigentlich Lateinisch gesprochen, was ja sowohl seiner Stellung als Heiliger als auch der Moralinhaltigkeit seiner Aussage angemessen gewesen wäre, aber obwohl mir tote Sprachen durch und durch fremd sind, verstand ich ihn, sei es, weil ich die Bedeutung des Gesagten intuitiv erfasste, sei es, weil mein Traum wie so oft deutsch untertitelt war.

Als ich erwachte, wusste ich jedenfalls sofort, was mir der heilige Antonius sagen wollte, nämlich dass ich umgehend dem Gelbwurst- wie auch sonstigen Fleischverzehr abschwören und mich zum Vegetarismus bekennen solle. Geträumt, getan, noch am selben Tag beendete ich mein karnivores Dasein. Und da ich es für inkonsequent hielt, als Vegetarier mit einer fleischfressenden Pflanze unter einem Dach zu leben, bekehrte ich meine Venusfliegenfalle gleich mit: Ab sofort bekam sie statt Mücken, Milchprodukten und saftigen Steaks nur noch Äpfel, Kohlrabi und Salat zu fressen.

Zunächst schien ihr die ungewohnte Ernährung nichts auszumachen, im Gegenteil, sie wuchs und entwickelte sich prächtig. Doch schon nach wenigen Wochen reichten ihr die

Grünzeugmengen, die ich herbeischaffte, nicht mehr aus, und sie suchte das fehlende tierische Eiweiß durch schiere Masse wettzumachen. An guten Tagen verzehrte sie ein Vielfaches ihres Körpergewichts an Obst und Gemüse.

Kurze Zeit später erschien mir wieder der heilige Antonius im Schlaf. Diesmal sagte er nichts, sondern verspeiste mit sichtlichem Vergnügen ein Ciabattabrot mit Gelbwurst, nicht ohne mich immer wieder mit schelmischem Seitenblick anzuschauen; ich vermute, er wollte meine Standhaftigkeit auf die Probe stellen.

Als ich am nächsten Morgen erwachte, hörte ich aus dem Wohnzimmer lautes Schmatzen und Knurpsen, hin und wieder ein zufriedenes Rülpsen. Da ich meine Pflanze am Vorabend nicht gefüttert hatte, schwante mir bereits Böses, als ich im Pyjama ins Wohnzimmer schlich. Doch nichts konnte mich auf den Anblick vorbereiten, der mich empfing: Meine Venusfliegenfalle hatte sich offenbar aus Hunger in die eigenen Blattstiele verbissen und war gerade dabei, sich selbst zu verzehren.

Ich stürzte in die Küche, um zu ihrer Besänftigung ein paar Essensreste zu holen, fand auch einen Topf mit kalten Nudeln, den ich notdürftig erhitzte (kalte Pasta hatte Aphrodite nie gemocht), doch zu spät: Als ich zurück ins Wohnzimmer kam, war sie verschwunden, nur der Terrakottatopf mit Blumenerde stand noch da. Ich begrub ihn in einer Ecke des Gartens und weinte die halbe Nacht.

Als ich schließlich in unruhigen Schlaf verfiel, erschien mir zum dritten Mal der heilige Antonius; diesmal hatte er sein Ciabattabrot nicht nur mit Gelbwurst, sondern auch mit etwas Grünem belegt. Als ich näherkam, sah ich, dass es sich um die Fangblätter und Stiele einer Venusfliegenfalle handelte. Offenbar lebte sie noch, ihre Blätter bewegten sich verzweifelt hin und her und die Randborsten ihrer Fallen zuckten bei jedem Biss, als litte die Pflanze Schmerzen. *Vielfraß!*, rief ich dem heiligen Antonius vorwurfsvoll zu, *Vielfraß!* Doch er kaute unbeirrt weiter, sei es, weil man als Träumender mit seinem Geträumten nicht sprechen kann, sei es, weil ich kein Lateinisch kann und der Heilige Antonius mich einfach nicht verstand.

Pd : Palladium : Übergangsmetall, das sich durch extremen Appetit auszeichnet: Es kann das Neunhundertfache seines Volumens an Wasserstoff aufnehmen.

47Ag

«Schade, dass man Geld nicht konjugieren kann», sagt die Frau mit dem Silberblick, «entweder man hat es oder man hat es nicht, immer Indikativ Präsens Aktiv, das ist doch sterbenslangweilig.»

«Ich denke an Geld meistens in der Vergangenheitsform», wende ich ein, «und das ist auch nicht so toll. An Geld, das ich für völlig überflüssige Dinge ausgegeben habe zum Beispiel. Wie diese CD, die ich dir zum Geburtstag geschenkt habe und die du noch kein einziges Mal angehört hast. Die hat über fünfzehn indikative Euros gekostet, die ich durchaus sinnvoller hätte anlegen können, für Alkohol oder Essiggurken, oder ich hätte die CD auch einfach behalten können. Wenn ich sie nicht sowieso schon hätte», füge ich beleidigt hinzu. «Schließlich habe ich sie dir geschenkt, weil sie mir viel bedeutet.»

«Aber, aber», sagt die Frau mit dem Silberblick; natürlich habe sie sich die CD schon angehört, zumindest die ersten paar Minuten, und das sei ja bereits Musikkonsum im Wert von zwei oder drei Euro gewesen, mindestens. Und dann seien noch Freunde mit dabeigesessen, die die Platte übrigens auch langweilig gefunden hätten, aber immerhin habe sich das Geschenk durch diese Mithörer schon so gut wie amortisiert, und außerdem habe sie das mit dem konjugierbaren Geld ja auch ganz anders gemeint.

«Nämlich?»

«Nehmen wir der Einfachheit halber mal an, es gäbe nur drei Zeitformen. Dann gäbe es auch drei verschiedene Arten von Geld, für die du natürlich separate Konten bräuchtest: Das erste Konto, das mit dem Vergangenheitsgeld, ist das größte – darauf kommt alles Geld, das du in deinem Leben schon ausgegeben hast. Auf das zweite kommt dein Präsensgeld – das ist nicht viel, aber dafür kannst du immerhin dein altes Girokonto weiterführen. Auf das dritte Konto kommt alles Geld, das du noch ausgeben wirst – das wird mit den Jahren immer weniger. Neben diesen drei Standardgeldkonjugationen müsste es noch viele andere Formen geben: das Irrealisgeld, das man verdienen würde, wenn man einen anderen Beruf gewählt hätte. Das Imperativgeld, das man nicht hat, aber eigentlich gerechterweise haben sollte. Und das Prohibitivgeld, von dem es besser ist, dass man es nicht hat, weil man es sonst sowieso nur für Unsinn ausgeben würde. Und das in allen drei Zeitformen, im Aktiv und Passiv.»

«Drei mal drei mal … achtzehn verschiedene Konten?»

«In der Anfangsphase. Bis die Leute lernen, mit den Geldkonjugationen richtig umzugehen, und man endlich kompliziertere Formen einführen kann. Plusquamperfektgeld zum Beispiel. Oder Futur zwei.»

«Die sieben Euro, die ich gehabt haben werde, nachdem ich die von dir ungehörte CD verkauft und den Erlös für Alkohol und Essiggurken ausgegeben habe?»

Ganz so einfach sei das leider nicht, sagt die Frau mit dem Silberblick und zündet sich eine von meinen Zigaretten an. Ich dürfe mein konjugiertes Geld natürlich immer nur streng kongruent zu dem Gegenstand oder der Dienstleistung ausgeben, die ich damit erwerbe. Mit Perfekt-Passiv-Geld könne ich also nur etwas kaufen, das mir in der Vergangenheit weggenommen wurde, und mit sieben Euro, die ich gerne hätte, könne ich nicht einfach für etwas bezahlen, das ich im Indikativ Präsens bereits besitze.

«Was auch unsinnig wäre», sage ich. «Dann hätte ich es ja zweimal.» Ich greife nach meiner Zigarettenschachtel, sie ist leer. «Sag mal, hast du dir gerade einfach meine letzte Zigarette genommen? Ich hoffe, du hast noch Kleingeld.»

Die Frau mit dem Silberblick klemmt sich die brennende Zigarette zwischen die Lippen, angelt nach ihrem Portemonnaie, blickt hinein und seufzt. «Nein», sie legt den Kopf zurück und bläst den Rauch zur Decke. «Aber Zigarettengeld im Indikativ Präsens Aktiv – das wäre ja auch sterbenslangweilig. Oder?»

Ar : Argentum : Silber : Edelmetall, das seit dem Altertum als Münzmaterial verwendet wird.

$_{48}$Cd

Liebster Sohn.

Ich danke Dir für Deinen Brief, auch wenn der Inhalt Deines Schreibens, wie Du Dir unschwer vorstellen kannst, nicht gerade dazu angetan ist, einen Vater mit Freude, Stolz oder Dankbarkeit zu erfüllen.

So beginnst Du Dein über hundert Seiten langes Traktat mit der Behauptung, dass Du Furcht vor mir habest – das heißt, in dieser eigentlich gebotenen Klarheit drückst Du Dich leider nicht aus, sondern schreibst, dass ich Dich letzthin gefragt habe, warum Du behaupten würdest, dass Du Furcht vor mir habest, erklärst dann, dass gerade diese Furcht Dich seinerzeit daran gehindert habe, meine Frage zu beantworten, und fügst schließlich hinzu, dass auch jetzt, in Deinem Brief, die Furcht vor mir Dich an der genauen Beschreibung Deiner Furcht und ihrer Folgen hindere.

Und das, liebster Sohn, war der Punkt, an dem ich die Lektüre Deines Briefes beendete, denn offen gestanden: Wenn jemand sich davor fürchtet, über seine Furcht zu schreiben, dann sollte er vielleicht besser auf das Schreiben verzichten und sich ganz auf das Fürchten konzentrieren, denn das scheint ja sein eigentliches oder gar einziges Talent zu sein. Wenigstens, so viel will ich Dir zugestehen, warst Du so konsequent oder vielleicht besser: furchtsam genug, wenn nicht auf das Schreiben, so doch immerhin auf das Absenden Deines Briefes zu verzichten.

Nun magst Du Dich fragen, wie ich Dir antworten kann, woher ich den Inhalt eines Briefes kenne, den Du nie abgeschickt hast und der bis heute in einer Schublade Deines

Sekretärs ruht, zu der nur Du einen Schlüssel hast. Ach, liebster Sohn, weißt Du was? Ich brauche Deinen Brief überhaupt nicht zu lesen, um zu wissen, was in ihm steht. Streng genommen müsstest Du ihn nicht einmal schreiben, damit ich wüsste, was in ihm stünde, wenn Du ihn geschrieben hättest, selbst wenn Du nie geboren worden wärest, wüsste ich, was Du mir sagen, schreiben oder verschweigen würdest, wenn es Dich denn gäbe. Schließlich bin ich Dein Vater. Ich habe Dich gezeugt, ich habe Dich erzogen, ich kenne Dich und Deine geheimsten Gedanken besser als Du selbst.

So gesehen ist es nicht weiter schlimm, wenn Du Deine Briefe nicht abschickst, ich kann diese Korrespondenz ebenso gut mit mir selbst führen. Auch diesen Brief brauche ich Dir nicht zu schicken, ich weiß ja, was Du darauf antworten würdest – in Deinem nächsten Brief, der, auch das weiß ich, doch nur unabgesandt bei Dir zu Hause liegen bliebe, in derselben Schublade wie der erste. Ich kenne unseren Briefwechsel, auch wenn er niemals stattfinden wird. Streng genommen schreibe ich diese Worte hier auch gar nicht auf, sondern denke sie nur.

Das heißt, vielleicht denke auch nicht *ich* sie, sondern mein eigener Vater, Dein Großvater, dem ich ja ebenso viel verdanke wie Du mir. Oder vielleicht ist es auch gar nicht mein Vater, der diese Worte durch mich denkt, sondern der Vater meines Vaters, der durch meinen Vater denkt, der durch mich denkt, oder der Vater des Vaters meines Vaters, der durch den Vater meines Vaters denkt, der durch meinen Vater denkt, der durch mich denkt, und so weiter.

Du weißt, was ich meine, denn ich weiß es auch, und Du weißt es nur dank mir, Du bist das letzte Glied in der Kette, Du bist der letzte Träger der Gedanken Deiner Vorfahren, alles, was Du bist, bist Du durch sie, alles, was Du denkst, denken sie durch Dich, und Du hast selbst keinen Sohn, durch den Du weiterdenken könntest; es ist verständlich, dass Du Dich fürchtest.

Dein Vater. (Oder meiner?)

Cd : Cadmium : silberglänzendes Metall. In Verbindung mit Schwefel, als sogenanntes Cadmiumgelb, die klassische Farbe unserer Postkästen.

49In

Natürlich hatte der Sohn vergessen, sein Telefon auszuschalten, und natürlich fiel ihm das erst ein, als es dafür zu spät war. «Aufregung ist das Letzte, was dein Vater in seinem Zustand gebrauchen kann», hatte ihm seine Mutter noch eingeschärft. «Und du weißt ja, wie er sich ärgern kann, wenn er seine Ruhe haben will und es plötzlich klingelt.»

Oh ja, das wusste der Sohn nur zu gut. Und wenn er es vergaß, musste er nur zu Hause die Macke im Parkett anschauen, im Esszimmer neben dem Tischende: Das war die Stelle, wo das erste Mobiltelefon des Sohns sein vorzeitiges Ende gefunden hatte. Der Vater hatte es ihm aus der Hand gerissen, auf den Boden geworfen und dann auch noch daraufgetreten – und alles nur, weil es während des Abendessens geklingelt hatte. Na gut, vielleicht auch deshalb, weil der Klingelton ein lautes Rülpsgeräusch gewesen war und der Vater für diese Art von Humor keinen 14Sinn hatte. Aber er verstand auch nicht, warum man hin und wieder einen neuen Klingelton brauchte. Oder ein neues Telefon. Oder einen Computer. Wenn es nach dem Vater ginge, dachte der Sohn, würden die Menschen ihre Nachrichten immer noch mit Faustkeilen in Steine ritzen.

«Klingeling», trällerte die Krankenschwester, als sie die Tür öffnete, und der Sohn tastete instinktiv nach dem Gerät in seiner Tasche. «Besuch für Sie!» Der Sohn versuchte, unauffällig die Kombination zum Entriegeln der Tasten zu finden.

«Ah», machte der Vater irritiert und öffnete die Augen. «Guten Morgen.» Es war sechs Uhr abends.

Die Schwester lächelte, als ob sie solchen Unsinn gewohnt wäre, überprüfte den neben dem Bett stehenden Tropf und machte eine Notiz in einer Tabelle. Der Sohn fragte sich, ob sie bei der Operation dabei gewesen war. Er stellte sich vor, wie sie in den aufgeschnittenen Körper seines Vaters geschaut hatte, dass sie Dinge von ihm gesehen haben könnte, die er nicht kannte. Es war ihm unangenehm, mit seinem Vater allein zu sein, aber er war froh, als sie das Zimmer verließ. «Hallo Vati», sagte er. «Störe ich?»

«Aber nein. Es ist nur», der Vater blickte auf die Nachttischuhr. «Ich muss wohl geträumt haben.» Er schüttelte den Kopf, als ob er einen unverzeihlichen Fehler begangen hätte. Er rutschte im Bett nach oben und richtete sich auf.

«Und … wovon hast du geträumt?» Wie es dem Vater ging, wagte der Sohn nicht zu fragen, die Antwort war seit Wochen die gleiche.

Der Vater sah ihn erstaunt an. «Ich habe geträumt, dass ich schlafe», sagte er schließlich. «Merkwürdig, nicht? Dann wache ich auf. Es ist Morgen, die Sonne scheint, und ich bin wieder zu Hause. Ich setze mich zu euch an den Frühstückstisch. Ich will gerade mein Frühstücksei aufschlagen, da … Sag mal, was machst du eigentlich die ganze Zeit in deiner Tasche?»

Der Sohn zog schnell die Hand zurück. «Nichts.»

«Ach ja? Dann gibt es ja auch nichts zu verbergen. Darf ich das Nichts mal sehen?»

Der Sohn griff zögernd nach seinem Telefon. Der Vater sah zwar nicht so aus, als ob er aufstehen und es zertreten könnte, zum An-die-Wand-Werfen reichten seine Kräfte jedoch allemal. «Aber … du musst vorsichtig sein, ja? Es ist sehr empfindlich.»

«Hm.» Der Vater streckte ihm die Rechte entgegen, der Sohn sah, dass sie zitterte. Widerwillig legte er das silbernfunkelnde Gerät hinein. «So leicht ist das?» Der Vater wog das Telefon in der offenen Hand.

«Pass bitte auf, dass es nicht runterfällt!»

«Und hier kann man dann telefonieren?» Der Vater begann, wahllos auf den Tasten herumzudrücken.

«Vati, bitte …» Der Sohn konnte nicht hinsehen, deshalb schaute er schnell aus dem Fenster, in den Innenhof des Krankenhauses, wo eine einsame Blautanne ihr Dasein fristete. Eine Amsel landete auf ihrer Spitze und begann zu singen – zumindest sah der Sohn, dass sie ihren Schnabel bewegte, durch das Doppelglasfenster konnte er nichts hören.

Plötzlich krähte hinter ihm sein Mobiltelefon. Dann heulte es wie ein Wolf. Schließlich sagte es: «In zehn Sekunden wird sich dieses Gerät selbst zerstören. Zehn, neun, acht, sieben, sechs …» Der Sohn drehte sich um. Erleichtert stellte er fest, dass der Vater das Ding in seiner Hand zwar entgeistert anstarrte, aber zumindest nicht so aussah, als würde er es gleich an die Wand werfen. «Was ist denn *das*?»

«Du hast den Soundmanager geöffnet.»

«Aha», sagte der Vater, als ob er etwas davon verstünde. «Davon hab ich in der Zeitung gelesen.» Klar, dachte der Sohn. Der Vater hatte immer von allem in der Zeitung gelesen, aber von dem, was wirklich los war in der Welt, hatte er keine Ahnung.

«Weißt du, sogar die Vögel machen da neuerdings mit», sagte der Vater unvermittelt. Er hatte das Telefon sinken lassen und starrte an dem Sohn vorbei aus dem Fenster.

«Bei was?»

«Na, bei diesem Unsinn mit den Klingeltönen. Die armen Viecher hören ja tagein, tagaus dieses Gepiepse. Sie denken, dass das andere Vögel sind, die mit ihnen anbandeln wollen. Und deshalb pfeifen sie die Tonfolgen nach.» Er schüttelte traurig den Kopf. «Früher, als ich jung war, sangen die Amseln noch Beethoven. Violinkonzert, dritter Satz: *di-daaa-di-dahi.*

Oder Volkslieder. Heute hingegen ...» Er ließ den Kopf auf das Kissen sinken.

Der Sohn blickte wieder aus dem Fenster. Er hatte noch nie eine Amsel den Siemens-Shuffle singen gehört. Oder irgendeinen anderen Klingelton. Aber kein Wunder, die Töne änderten sich so schnell, das wäre zu viel verlangt von den armen Tieren, die kämen gar nicht mehr hinterher mit dem Lernen der neuen Melodien. Vielleicht hatten sie ja zwischendurch versucht, sich der neuen Zeit anzupassen, dann aber wieder aufgegeben, und seitdem, dachte der Sohn, sangen sie wieder Beethoven, wie all die Jahre zuvor.

Die Amsel vor dem Fenster schien jedenfalls kein Glück mit ihrem Lied zu haben. Mit einem entschlossenen Flügelschlag erhob sie sich in die Luft, der Wipfel der Tanne federte noch einige Sekunden nach. In diesem Moment begann das Telefon erneut zu klingeln.

Der Sohn erschrak. Aber nicht, weil das Klingeln den Vater gestört hätte, im Gegenteil: Er hielt das Gerät zwar immer noch in der Hand, schien aber eingeschlafen zu sein, trotz des Lärms lag er seelenruhig da. Der Sohn erschrak, weil dieser Klingelton gar nicht auf seinem Telefon gespeichert war – ja weil er, der sich doch mit Klingeltönen auskannte wie kein zweiter, diese Tonfolge noch nie gehört hatte. Unmöglich, dass der Vater sie eben auf irgendeine Weise heruntergeladen hatte. Oder?

Denn mit einem Mal erinnerte sich der Sohn: Er kannte diese Melodie, aber nicht von seinem Mobiltelefon. Und allmählich erinnerte er sich auch an den Text, mit jedem neuen Ton tauchte ein weiteres Wort aus dem Dunkel der Erinnerung auf: Richtig, das war ein Lieblingslied seines Vaters gewesen, er hatte es früher manchmal gesungen, wenn der Sohn nicht einschlafen konnte.

Und natürlich, das erklärte auch, warum der Vater nicht aufwachte, warum er regungslos dalag, obwohl das Telefon in seiner Hand immer lauter summte, so laut, dass es inzwischen sogar die Vögel durch die Fensterscheiben hören mussten. Es war ein Schlaflied, was das Telefon da spielte, undenkbar, dass man dazu etwas anderes machen sollte als schlafen. Außer singen vielleicht, ganz zaghaft, so wie der Sohn es jetzt tat, während es draußen allmählich dunkel wurde und die ersten Sterne erschienen und ein unbekannter Anrufer darauf wartete, dass jemand antwortete: So sind wohl manche Sachen, die wir getrost belachen, weil unsre Augen sie nicht $_{34}$**Se**hn.

In : Indium : seltenes Schwermetall. Wird zum größten Teil zu Indiumzinnoxid verarbeitet, das wiederum zur Herstellung von Flachbildschirmen und Touchscreens verwendet wird.

$_{50}Sn$

Da ich in den siebziger Jahren in einem linksliberalen Elternhaus aufwuchs und zudem einen sehr holzvertäfelten, sehr kerzenerhellten, sehr bienenwachsduftenden Waldorfkindergarten besuchte, waren Gewalt verherrlichende Spiele wie Fang-den-Hut, Mensch-ärgere-dich-nicht oder Schach bei uns strengstens verboten. Auch Knallerbsen, Spielzeugpistolen, Sheriffsterne oder gar Zinnsoldaten waren natürlich tabu.

Wir Kinder behalfen uns, indem wir Pistolen aus Bienenwachs kneteten, mit eurhythmischen Bewegungen Kriegserklärungen tanzten und unser mit Naturölen imprägniertes Holzspielzeug zu feindlichen Armeen formierten. Wölfe, Hunde und Katzen waren die Amerikaner, Rinder, Hühner und Schafe die Kämpfer des Vietkong. Als B-52-Bomber diente eine handgeschnitzte Taube aus Nussbaumholz, als Napalm eine Mischung aus Zucker und hochprozentigem Rum, den wir in einer Ecke des Küchenschranks zwischen Rosinen, Mandeln und Backpulver entdeckt hatten.

Wir waren gerade dabei, die Tet-Offensive nachzustellen, als mein Vater in den Garten kam. Er sah die Rauchsäule, die über dem Schlachtfeld aufstieg. Er sah die brennenden Holztiere, er sah eine bienenwachsduftende B-52, die über einem zerbombten Saigon aus Bauklötzen kreiste. Im nächsten Moment durchzuckte ein stechender Schmerz meine Wange, dann wurde mein Kiefer gefühllos, das linke Ohr wurde taub. «Verdammt nochmal, wozu haben wir euch pazifistisch erzogen?», sagte mein Vater und rieb sich die rechte Hand.

Sn : Stannum : Zinn : weiches Metall. Schon seit dem Altertum in Legierungen zur Herstellung von Waffen und Statuetten, unter anderem von Zinnsoldaten, genutzt.

$_{51}Sb$

Zwölf Antworten auf die Frage *Großmutter, warum hast du so große Augen?*, mit denen man kein Kind hinters Licht führen kann:

1 Weil ich Tollkirschen gegessen habe.
2 Weil ich gekifft habe.
3 Weil ich beim Augenarzt war und er mir ein Mydriatikum verabreicht hat, um besser den Augenhintergrund untersuchen zu können.
4 Weil ich an einer chronischen Lähmung des parasympathisch innervierten *Musculus sphincter pupillae* leide.
5 Weil es hier im Häuschen so dunkel ist, und da weiten sich bekanntlich die Pupillen, um mehr Licht in den Augapfel zu lassen, wusstest du das etwa nicht, du dummes Ding, hast du im Biologieunterricht mal wieder geschlafen?
6 Weil ich einen Gegenstand in sehr großer Entfernung anschaue, und da weiten sich bekanntlich die Pupillen, um die Brennweite des Augapfels zu vergrößern, wusstest du das etwa nicht, du dummes Ding, ich sehe durch dich hindurch, ich sehe durch die gegenüberliegende Wand und über die sieben Berge, eine schlechte Angewohnheit, nimm's bitte nicht persönlich.
7 Weil der Rest meines Gesichts geschrumpft ist. Die Augen sind so groß beziehungsweise klein wie immer, nur die Relationen haben sich verändert.
8 Weil ich beim Schönheitschirurgen war und mir die Augenlider habe entfernen lassen.
9 Weil ich mich zum ersten Mal seit Jahren wieder geschminkt und es dabei wohl mit dem Eyeliner etwas übertrieben habe.

10 Weil ich Angst vor dir habe.
11 Weil ich mich freue, dich zu sehen.
12 Weil ich dich liebe.

Sb : Stibium : Antimon : Halbmetall. Sein lateinischer Name bedeutet ‹Stift›, da *stibium* in der Antike zum Schminken der Augen verwendet wurde. Plinius bezeichnete das Element, da dergestalt geschminkte Augen ungewöhnlich groß erscheinen, auch als *platyophthalmos*, zu Deutsch ‹Breitauge›.

52Te

Ein unrühmliches Ereignis, das Gaius Iulius Caesar in seinem großen Bericht über den gallischen Krieg verständlicherweise verschweigt:

Wie er im Frühling des Jahres 58 vor Christus eines Nachts im **26Fe**ldlager von unerträglicher Sehnsucht übermannt wurde. Wie er sich unter dem Mantel der Nacht aus seinem Zelt stahl, sich bäuchlings auf den nächstbesten Acker legte, mit den Händen in Hüfthöhe ein kleines Loch scharrte und sich mit heftigen rhythmischen Bewegungen mit Mutter Erde vereinte. Wie er nach vollzogenem Liebesakt erstmals die berühmten Worte *Ich kam, ich sah, ich siegte* keuchte. Wie er aber, kaum dass er ins Feldlager zurückgekehrt war, von schrecklicher Scham und Gewissensbissen gepackt wurde, ja wie ihn Nacht für Nacht Albträume wach hielten, da ihn die Vorstellung plagte, Mutter Erde könne von ihm, Caesar, unfreiwillig schwanger geworden sein, sie werde demnächst mit Wehen niederkommen und ihm einen Nachkommen gebären, ein Kind, das zwar die kugelrunde Körperform von Mutter Erde, aber *seine* Gesichtszüge hätte, die Nase, die Augen, unverkennbar, und dass so sein nächtlicher Lapsus ans Licht käme.

Als Caesar wenige Monate später beobachtete, wie die Soldaten der neunten Legion eines Nachts, kurz nach der Schlacht von Bibracte, im Suff ihre Schwerter nahmen und wie besinnungslos auf den nächstbesten Acker einschlugen, gebot er ihnen daher nicht Einhalt, sondern feuerte sie ganz im Gegenteil noch an und ließ ihnen am nächsten Morgen eine Extraportion Fleisch zuteilen. Angeblich führte er die Tatsache, dass Mutter Erde nicht mit einem Bastard niederkam, sondern sich nach dem üblichen, jahreszeitlich bedingten Anschwellen ihres Körpers wieder mit Laub und Schnee bedeckte, unmittelbar auf diesen Gewaltakt zurück. Zumindest berichtet das ein an22Tiker Chronist, der die Geschichte aus gewöhnlich gutunterrichteten Kreisen erfahren haben will, aber namentlich nicht genannt werden möchte.

Te : Tellurium : Tellur : metallisch glänzendes Halbmetall. Nach der römischen Erdgöttin Tellus benannt.

53I

Was ist «Heile, heile Mäusespeck» für ein Lied, und wofür wird es angewendet? Das Lied enthält einen Zauber aus der Gruppe der desinfizierenden Wundbehandlungsformeln. Es wird angewendet zur wiederholten, zeitlich begrenzten oberflächlichen Anwendung bei Schnitt- und Schürfwunden, Verbrennungen und Verbrühungen.

Was müssen Sie vor der Anwendung des Liedes beachten? Das Lied darf nicht gesungen werden: wenn Sie überempfindlich (allergisch) gegen Zaubersprüche sind; bei Schilddrüsenerkrankungen; während Schwangerschaft und Stillzeit. Bei gleichzeitiger Anwendung von anderen Wundbehandlungsformeln kann deren Wirkung verstärkt werden, insbesondere bei älteren Patienten und höherer Dosierung (Hörsturzgefahr).

Wie ist das Lied anzuwenden? Wenden Sie das Lied immer genau nach der Anweisung in dieser Packungsbeilage an. Falls vom Arzt nicht anders verordnet, bl33Asen Sie ein- bis mehrmals täglich gleichmäßig auf die zu behandelnden Hautstellen. Singen Sie anschließend «Heile, heile Mäusespeck, in hundert Jahren ist alles weg». Falls erforderlich, kann anschließend ein Verband angelegt werden. Die Häufigkeit und Dauer der Anwendung richtet sich nach dem Heilungsverlauf. Bitte sprechen Sie, wenn Sie den Eindruck haben, dass die Wirkung des Liedes zu stark oder zu schwach ist, mit Ihrem Arzt oder Apotheker.

I : Iod : Jod : Halogen, das aufgrund seiner antiseptischen Eigenschaften seit dem frühen neunzehnten Jahrhundert zur Desinfektion von Wunden eingesetzt wird.

$_{54}$Xe

Viele Wege führen zu Gott. Einer davon geht über die Berge. So steht es in großen, schmiedeeisernen Buchstaben auf dem Gipfelkreuz des Herzkogels. Im Osten gräbt sich der Inn durch die vom Schnee befreiten tieferen Tallagen, im Westen leuchten die Flanken der Grützenspitze in der Frühjahrssonne, die Luft ist so klar, dass sie durch drei Lagen Funktionswäsche direkt ins Herz dringt, und nur ein schlechter Mensch käme auf die Idee, dass der Spruch auf dem Gipfelkreuz noch eine zweite Bedeutung haben könnte. Dass der Weg über die Berge also nicht nur im spirituellen Sinne zu Gott führt. Sondern dass er den wackeren Wandersmann bisweilen auch mit Haut und Haaren in den Himmel befördert.

Die Gedenktafel für den Hüttenwirt befindet sich zweihundert Höhenmeter unterhalb des Gipfels, gleich links neben dem Durchstieg zum Ochsenschwanzjoch hängt sie im Fels, und sie ist wirklich gelungen. Ganz oben klebt ein Oval aus Porzellan mit einem Porträtbild, auf dem der Wirt noch attraktiver aussieht, als er es ohnehin war. Darunter steht groß *Memento mori!*, dann folgen in goldenen Lettern der Name sowie das Geburtsdatum und der mutmaßliche Todestag des Verschollenen. Mutmaßlich deshalb, weil niemand genau weiß, wie lange der Wirt eigentlich noch gelebt hat: Manchmal bricht einem so eine Lawine sofort das Genick, wenn man sie überlebt, erstickt man in der Regel in den ersten fünfzehn Minuten, und nur ganz selten hat man Glück und bleibt mit ein bisschen Atemluft in einem Hohlraum liegen und stirbt dann erst nach ein paar Stunden. Theoretisch wäre es also möglich gewesen, dass der alte Wirt noch bis zum nächsten Tag durchgehalten hat. Wahrscheinlich ist es aber nicht.

Man weiß ja nicht einmal, wo genau er eigentlich liegt. Als die Bergrettung zwei Stunden nach dem Lawinenabgang am Unfallort eintraf, war es schon fast dunkel, und da die Gletscherspalten aufgrund des milden Winters schlecht verschneit waren, stand eine großflächige Verschüttetensuche außer Frage. Am nächsten Morgen war die Sicht zwar wieder gut, doch die Hunde witterten nichts, und die Lawinensuchgeräte des Rettungstrupps konnten kein Signal empfangen – obwohl der alte Wirt, wie sein Nachfolger versicherte, selbstverständlich seinen Lawinenpieps am Körper getragen habe. Aber vielleicht liege er ja so tief in einer Spalte, dass das Signal nicht bis zu ihnen nach oben dringe. Oder aber die Batterien seien inzwischen leer. Oder …

Natürlich fragten sich hinterher manche, warum der Nachfolger nach dem Unfall nicht sofort die Suche aufgenommen habe und stattdessen ins Tal abgefahren sei, um die Bergrettung zu alarmieren. Wo er doch wusste, dass es bald dunkel werden würde. Wo ihm doch hätte klar sein müssen, dass es immer dauert, bis so ein Rettungsteam versammelt und der Hubschrauber gestartet ist, und dass gerade nach einer Nassschneelawine jede Sekunde zählt. Aber die, die sich solche Fragen stellten, waren schlechte Menschen. Leute, die neidisch waren auf den Nachfolger, wahrscheinlich, weil er vom alten Wirt nicht nur die Hütte, sondern obendrein auch die schöne Wirtin übernommen hat. Und das nur ein halbes Jahr nach dem Unglück.

Dass der Nachfolger ungefähr seit Entstehung der nördlichen Kalkalpen hinter der schönen Wirtin her war, war kein Geheimnis, das war so bekannt, dass man es auch gleich in gusseisernen Lettern an das Gipfelkreuz des Herzkogels hätte schreiben können. Was aber die schöne Wirtin dazu bewogen hat, den Nachfolger zu erhören, nachdem sie vorher ein

Prachtexemplar wie den Hüttenwirt zum Mann gehabt hatte, das war so manchem ein Rätsel.

Jetzt kann man als Frau eine Berghütte natürlich nicht allein bewirtschaften. Erstens ist die Arbeit für einen Menschen allein zu viel, morgens um vier wollen die ersten Bergsteiger ihr Frühstück, abends um zehn die letzten ihren Schnaps, und dazwischen soll man ins Tal abfahren, einkaufen, wieder aufsteigen, kochen und das Klo putzen. Zum anderen rennen einer alleinstehenden Hüttenwirtin die Freier bald schlimmer die Bude ein als seinerzeit der armen Penelope, während Odysseus auf Geschäftsreise war, und das einzig probate Mittel, sich einer solchen Pest zu erwehren, besteht nun einmal darin, Freier mit Freier zu bekämpfen und einen der Bewerber zu erhören. Das mögen so die Erwägungen gewesen sein, die die schöne Wirtin in ihrem mächtigen Busen bewegt hat, bevor sie dem Nachfolger den Zuschlag erteilte.

Zudem hatte sie insgeheim schon immer ein Faible für unterwürfige Typen; zumindest behaupten das die schlechten Menschen. In gewisser Weise habe die schöne Wirtin nach der Wiederverheiratung gleich zwei Hüttenhunde gehabt, zum einen das fette schwarze Biest, das Tag und Nacht im Durchgang zur Küche herumlag und nur aufstand, weil es in der stabilen Seitenlage nicht fressen konnte, und zum anderen den Nachfolger, der auf dem Weg von der Küche in den Gastraum immer so vorsichtig über den alten Köter stieg, als ob der Geist vom toten Wirt in ihm wohnte. Irgendwann hat der Nachfolger ja überall Geister gesehen, im Nebel, im Schnee, am Schluss sogar in der Schüssel mit dem Teig für die Germknödel. Und das ist ihm dann schließlich zum Verhängnis geworden, an jenem stürmischen Abend im Frühjahr.

Dass es um die Nerven des Nachfolgers nicht zum Besten bestellt war, hatte man schon am Morgen sehen können, bei der alljährlichen Gedenktour für den Hüttenwirt auf den Herzkogel. Um halb sechs waren die ersten Kameraden von der Bergrettung zum Frühstück im Gastraum erschienen, um kurz nach halb sieben standen alle abmarschbereit vor der Hütte, die Felle unter den Skiern, die Lawinenpiepse auf Sendung. Die ersten Sonnenstrahlen leckten bereits an den Gipfeln im Westen, wenn die Männer zügig gingen, hatten sie eine Chance, den Aufstieg zum Joch und die anschließende Gedenkstunde hinter sich zu bringen, bevor der Schnee in der Mittagshitze zu sulzig wurde, was die Abfahrtsfreude, die sie sich trotz des traurigen Anlasses auch heute nicht nehmen lassen wollten, gehörig trüben würde.

Mit gleichmäßigen Schritten stiegen die Bergsteiger im Gänsemarsch Richtung Sattel, um von dort auf den Gletscher und über diesen zum Joch zu gelangen. Nach einer Stunde hatten sie die Schattengrenze erreicht und pausierten, um Jacken und Handschuhe aus- und die Gletscherbrillen anzuziehen. Nur der Nachfolger hatte seine Brille aus unerfindlichen Gründen vergessen; überhaupt wirkte er zerstreuter als sonst, vielleicht, weil es der siebte Jahrestag seit dem Unfall war und der Nachfolger solch biblischen Zahlen besondere Bedeutung zumaß. Wie auch immer, an ein Weitergehen ohne Brille war eigentlich nicht zu denken.

Ob er nicht zurückfahren wolle, fragte der Ötzi, den man für ein Relikt aus vergangenen Zeiten hätte halten können, wenn er nicht zwischen dem buschigen grauen Vollbart und dem Tirolerhut eine mehrfach verspiegelte Sonnenbrille getragen hätte. Er könne ihnen dann ja nachsteigen.

Niemals, sagte der Nachfolger.

Ohne Brille werde er sich die Augen verderben, sagte der Ötzi und schaute den Nachfolger streng an, was dieser aber nicht sehen konnte, er sah nur sein eigenes, wie im Spiegelkabinett eines Jahrmarkts verzerrtes Gesicht im reflektierenden Glas der Brille.

Den Teufel werde er tun, sagte der Nachfolger, und man merkte, dass er versuchte so großspurig zu reden wie ehedem der alte Wirt und dass ihm das nicht gelang. Dabei hätte er gut daran getan, auf den Ötzi zu hören. Dann hätte er vielleicht nicht sc67Hon auf dem Sattel Augenflimmern bekommen. Dann hätte er vielleicht nicht auf den makellos weißen Hängen des Herzkogelferners schwarze Flecken gesehen, Schemen und Schatten, die immer, wenn er den Blick auf sie richtete, an den Rand des Gesichtsfelds entwischten. Dann hätte er nicht kurz vor der Gedenktafel den Lawinenpieps unter seinem Faserpelz hervorgezogen, den Ohrstöpsel in die dafür vorgesehene Buchse gesteckt, das Gerät hin und her geschwenkt und hektisch begonnen, auf dem Hang, wo seit Wochen keine Lawine mehr abgegangen war, nach einem Verschütteten zu suchen.

Andererseits war zu diesem Zeitpunkt im Schädel des Nachfolgers vielleicht doch schon mehr außer Betrieb als nur die Augen. Denn dass er Phantomschatten sah, nachdem er sich stundenlang die Bindehaut mit UV-Strahlen hatte beschießen lassen, war verständlich, ja beinah unausweichlich. Aber dass er offenbar meinte, vom Joch her die Signale eines Lawinenpiepses zu hören, war durch die Einwirkung der Gletschersonne nicht zu erklären, Ohrenschäden hatte davon eigentlich noch keiner davongetragen.

Der Nachfolger stieg jedenfalls plötzlich aus seiner Skibindung, löste die Fangriemen und begann, den Stecker im Ohr und den Lawinenpieps ordnungsgemäß im rechten Winkel vor sich hertragend, im Zickzack bergauf zu laufen, der Gedenktafel entgegen. Immer wieder sank er bis zur Hüfte in den Schnee, buddelte sich wieder aus und kämpfte sich weiter hangaufwärts, als ginge es um sein Leben. Und als die Kameraden von der Bergrettung ihn zehn Minuten später an der Gedenktafel einholten, hatte er die Augen geschlossen, kniete schweißüberströmt vor dem Felsen und schien etwas Wichtiges mit dem Porzellanmedaillon zu besprechen. Als die Männer näherkamen, verstummte er. Aber wenn man dem Ötzi Glauben schenken mag, nickte der Nachfolger dem Bildnis des Wirts vorher noch zu und sagte: «Bis später», und: Er sei natürlich sein Gast.

Schon am ersten Jahrestag des Unglücks hatte der Nachfolger begonnen, beim Abendessen nach der Gedenktour ein Gedeck für den alten Wirt auf den Tisch zu stellen. Ein schöner Brauch, wie alle fanden, besonders der Ötzi lobte die Idee in höchsten Tönen und bestand darauf, dass für den Toten auch bei jeder Schnapsrunde ein Glas eingeschenkt wurde, das er dann meist selber herunterkippte, nur um angesichts des leeren Glases Erstaunen zu mimen und dem Abwesenden scherzhaft mit dem Finger zu drohen. Dass also Teller, Besteck und Gläser für den Verschollenen bereitstanden, nun gut. Dass aber der Nachfolger, der inzwischen die Kamillenkompressen abgenommen hatte und mit geröteten Augen am Kopfende des Tischs saß, dieses Jahr nicht nur das Schnapsglas, sondern auch den Teller bei jedem Gang füllte und von der schönen Wirtin schließlich wieder voll in die Küche tragen ließ, das war neu und, wie der Ötzi anmerkte, bei allem Respekt für den Toten auch eine rechte Verschwendung.

Trotzdem war die Stimmung prächtig. Zuerst wurde gut gegessen, dann schlecht gesungen, die Wirtin holte die alte Gitarre, die seit Jahren unangetastet zwischen dem Kruzifix und dem Wurzelgesicht über der Eckbank gehangen hatte und zurecht eher als Dekorationsobjekt denn als Musikinstrument betrachtet wurde, von der Wand, und zu ihrer wacker gezupften Begleitung sang die trunkene Runde das Tiroler Hundeführerlied:

Such voran, mein treuer Freund, erfülle deine Pflicht!
Deine Nase tief am Schnee, ich vertraue stets auf dich!
Dem weißen Tod stets auf der Spur, bei Tag und auch bei Nacht!
Ob der Himmel strahlend blau, die Lawine tobt und kracht.

Mag sein, dass sich der alte Hüttenhund, der für die Verschüttetensuche denkbar ungeeignet war, durch diese Zeilen empfindlich kritisiert fühlte. Mag sein, dass der holprige Rhythmus des Gesangs die empfindlichen neuronalen Ströme in seinem Hundehirn durcheinanderbrachte, oder dass er in der Küche zu viel von dem Essen genascht hatte, das eigentlich für den Verschütteten seligen Angedenkens gedacht war. Jedenfalls bekam der Hund just in dem Moment, als der Nachfolger das Glas zum siebten Mal auf den Abwesenden erhob und mit weitschweifigen und weitgehend unverständlichen Worten seinem Bedauern Ausdruck verlieh, dass der alte Wirt trotz seiner Einladung heute Abend nicht hier sein könne, einen epileptischen Anfall: Seine Augen drehten sich in ihren Höhlen, die Zunge rollte sich zusammen und verschwand im Rachen, er kippte auf den Rücken und zuckte mit den Extremitäten wie Joe Cocker anno neunundsechzig in Woodstock.

Wahrscheinlich war die schöne Wirtin gerade in Gedanken bei ihrem verblichenen Gemahl, und wer wollte ihr das verdenken? Jedenfalls sprang sie beim Anblick des röchelnden Tiers auf, kniete nieder, schlang die Arme um seinen zuckenden Leib und rief laut den Namen ihres Exgatten, was von manchen der Anwesenden dann doch als unpassend, ja anstößig empfunden wurde, schließlich konnte sich keiner daran erinnern, dass sie nach dem Verschwinden ihres Manns je ähnlich intensive Gefühlsäußerungen gezeigt hatte. Doch bevor sich nennenswerter Unmut hätte äußern können, ließ ein

Windstoß die Runde aufblicken: Unbemerkt von der Gesellschaft hatte sich, während alle auf den am Boden zuckenden Hundeleib und die über ihm kniende Wirtin starrten, die Tür nach draußen geöffnet, und ein Fremder war in die Stube getreten.

Offenbar hatte es begonnen zu schneien; jedenfalls war der Fremde, obwohl wenige Stunden zuvor noch fast frühlingshafte Temperaturen geherrscht hatten, mit Handschuhen, Schneebrille und Balaclava-Sturmhaube dick vermummt, auf seinen Schultern lag zentimeterdick der Schnee. Der Fremde schloss die Tür, stampfte mit den Skistiefeln auf, um den Schnee von den Sohlen zu lösen, und fragte dann mit einer Stimme, die so dunkel und kalt war, dass sie aus den Tiefen eines Eisbruchs zu kommen schien, wer hier der Hüttenwirt sei?

Der Nachfolger blieb einen Moment lang sitzen, dann stand er langsam auf. Er sei es, entgegnete er, und etwas wie Stolz oder Trotz schien in seiner Stimme mitzuschwingen.

Aha. Der Fremde nickte, und eine Prise Schnee fiel auf den Hüttenboden. Und das, sein Kopf neigte sich in Richtung der Frau, die sich an dem unbeweglich daliegenden Körper des Hundes festklammerte, als erhoffte sie sich von ihm Hilfe, sei dann wohl die Wirtin?

Allerdings.

Der Fremde nickte langsam, anerkennend, oder schwang etwas wie Spott in seinem Nicken mit? Glückwunsch, drang seine Stimme ohne erkennbare Gefühlsregung aus dem Schal. Eine schöne Hütte. Ob es denn, wenn die Frage gestattet sei, noch etwas zu Essen gebe?

Aber natürlich, sagte der Nachfolger, der sich noch immer nicht von seinem Platz am Kopfende des Tischs bewegt hatte. Man feiere gerade ein Jubiläum, doch Gäste seien stets willkommen. Ob der Fremde, bevor er sich niederlasse, sich denn nicht vorstellen wolle?

Verzeihung, sagte der Fremde und griff mit dem linken Handschuh nach der Spitze des rechten, er habe gedacht, man wisse von seinem Kommen. Er sei doch angekündigt? Und mit diesen Worten zog er den Handschuh aus und reckte dem Nachfolger seine Rechte entgegen.

Der Nachfolger starrte sie an, als hätte er noch nie eine Hand gesehen. Tatsächlich war sie ungewöhnlich, nicht nur für einen Bergsteiger. Die Nägel waren gepflegt und fast weiß, die Finger dünn und feingliedrig, und die Haut, die sich über ihnen spannte, schien zu leuchten, das Hellblaugrau von Gletschereis im Sommer.

Der Nachfolger kniff die Feuerquallenaugen zusammen und schüttelte den Kopf, als wollte er einen Traum verscheuchen. Dann stand er auf, wischte die Rechte umständlich an seiner Küchenschürze ab und ging auf den Fremden zu. Ein gequältes Lächeln verzerrte seine Lippen; wie der Fremde dreinschaute, vermochte niemand zu sagen, sein Gesicht war immer noch von Mütze, Brille und Schal verborgen. Der Nachfolger atmete tief durch die Nase, schloss die Augen und streckte zögernd die Hand aus: Da bist du also. Willkommen.

Über das, was daraufhin passierte, gibt es widersprüchliche Berichte. Ein paar der Anwesenden erzählten später, der Nachfolger habe nach kurzem Händedruck seine Rechte ruckartig zurückgezogen, habe geschrien, die Finger des Fremden seien kalt wie Eis, und sei dann an ihm vorbei durch die Tür hinaus ins Dunkle gestürzt. Der Ötzi beschwört, der Nachfolger habe die Rechte tatsächlich nach kurzem Händeschütteln zurückgezogen, habe dabei aber nicht *wie Eis*, sondern *heiß* gerufen, so als hätte er sich an der Hand seines Gegenübers die Finger verbrannt. Die schöne Wirtin schließlich meint, der Nachfolger habe weder *Eis* noch *heiß*, sondern *weiß* gerufen, ob das allerdings im Sinne von *wie Schnee* gemeint gewesen sei, oder ob der Nachfolger damit habe ausdrücken wollen, dass er nun mit einem Mal schlagartig etwas erkannt habe, das ihm vorher nicht bewusst gewesen sei, also: *ich weiß*, das wisse sie, die Wirtin, wiederum nicht.

Nur in einem Punkt waren sich alle einig, nämlich dass der Nachfolger überstürzt die Hütte verließ, und dass er dieses Mal nicht nur seine Gletscherbrille vergaß, sondern gleich die ganze Ausrüstung, Jacke, Mütze, alles. Man fand ihn am nächsten Morgen, ausgerechnet der alte Hüttenhund brachte die Bergretter auf die richtige Spur. Als wäre er aus seinem epileptischen Anfall als neugeborenes Wesen erwacht, setzte er mit mächtigen Sprüngen durch den Neuschnee und blieb schließlich schwanzwedelnd an einer Spalte abseits der Route zum Sattel stehen. Der Fremde jedoch war, kaum dass der Nachfolger die Hütte verlassen hatte und sich die Unruhe halbwegs gelegt hatte, verschwunden, er schien sich verflüchtigt zu haben wie ein Gas. Und auch der alte Hüttenwirt ist nie wieder aufgetaucht.

Die meisten Leute im Dorf unten meinen, der Gletscher werde ihn eines Tages schon wieder freigeben, in zwanzig Jahren, in fünfzig, gefroren und unversehrt. Andere meinen, der Wirt müsse irgendetwas auf dem Kerbholz gehabt haben, deshalb habe sich damals am Fuß der Lawine der Schlund zur Hölle aufgetan und ihn mit Haut und Haaren verschluckt. Schließlich gibt es noch jene, die behaupten, er habe sich seinerzeit aus eigener Kraft aus der Lawine befreit, habe seinen Rucksack geschultert, Hütte, Hund und Gattin den Rücken gekehrt und sei schnurstracks weitergegangen, über Gipfel und Pässe, immer weiter nach Süden. Das Leben dort, habe er immer geschwärmt, müsse himmlisch sein; jenes hier in den

Bergen, wo man nur von Neidern, bärtigen Besserwissern und Gipfelkreuzen mit erbaulichen Sprüchen umgeben ist, sei hingegen die Hölle. Aber es sind nur sehr, sehr wenige, die das behaupten. Und das sind schlechte Menschen.

Xe : Xenon : das seltenste Edelgas. Leuchtet in Gasentladungslampen kalt und blau. Sein Name bedeutet ‹der Fremde›.

${}_{55}$**Cs**

Was der fliegende Priester sah, während er, von den ${}_{2}$**He**liumballons über seinem Kopf wie von einem Rudel tollwütiger Schlittenhunde fortgerissen, in Richtung Unendlichkeit flog:

Den Himmel: blau.

Das Meer: blau.

Seine Finger, die die Lehnen des Sitzes umkrampften: blau.

Seine Lippen, wenn er sie spitzte und über die Nasenspitze nach unten schielte: blau, das heißt, nein, blau mit einem Stich ins Rötliche, vielleicht sogar violett? Ja, violett, das war es.

Die tollwütigen, tanzenden Ballons, wenn er den Kopf nach hinten legte und direkt n${}_{89}$**Ac**h oben schaute: gelb, grün, rot, rosa.

Einen Hoffnungsschimmer am Horizont: grün.

Außerdem, ganz deutlich, eine verschwommene Linie: weiß. Eiskristalle vor blauem Grund. Ein Kondensstreifen. Kein Zweifel, das musste ein Flugzeug sein!

Cs : Caesium : Alkalimetall. Wegen der charakteristischen Spektrallinien, mit deren Hilfe es erstmalig nachgewiesen wurde, nach dem lateinischen Wort für ‹himmelblau›, *caesius*, benannt.

56Ba

Sehen Sie, auf diesem Röntgenbild erkennt man sehr schön die Lage der inneren Organe. Dieses wackersteinförmige Gebilde hier, das ist Ihr Herz. Dieses nierenförmige Gebilde, das ist Ihre Niere. Dieses gallenblasenförmige Gebilde, das muss Ihre Gallenblase sein. Und dieses … Nanu? Das sieht ja aus wie mein geschätzter Kollege Herr Medizinalrat Doktor Isegrim!

Die fliehende Stirn. Das energisch nach vorn gereckte Kinn. Die feingliedrigen Hände, mit denen er so meisterhaft das Stethoskop, das Scheckheft und die Angel**44Ru**te zu führen weiß und die uns flehentlich zuzuwinken scheinen: ganz unverkennbar! Und dieser Duft von billigem Aftershave und durchschwitzten Nächten in der radiologischen Praxis, der, wenn Sie aufstoßen, aus Ihrem Rachen weht – der *riecht* auch wie mein geschätzter Kollege Herr Medizinalrat Doktor Isegrim. Kein Zweifel, er **4Be**findet sich in Ihrem Magen. Sagen Sie bloß, Sie haben ihn verschluckt!

Das heißt, ich verbessere mich: Sagen Sie nichts, sondern halten Sie ganz still. Der hippokratische Eid gebietet mir, meinem geschätzten Kollegen sofort zu helfen. Sehen Sie diesen Angelhaken? Ich werde ihn behutsam durch den Mund, den Rachen und die Speiseröhre in Ihren Magen hinunterlassen und kann nur hoffen, mein geschätzter Kollege Herr Medizinalrat Doktor Isegrim weiß, was zu tun ist. Er war immer ein hervorragender Angler, aber taugt er auch als Fisch? Machen Sie bitte mal *Ah!*

Ba : Barium : weiches Metall. Wird in Form von Bariumsulfat als Röntgenkontrastmittel für Untersuchungen im Magen-Darm-Trakt eingesetzt.

$_{57}$La

Ich sehe was, was du nicht siehst, und das ist rot.

Seit wann sind wir per du?

Wenn's unbedingt sein muss: Ich sehe was, was Sie nicht sehen, und das ist rot.

Wenn's unbedingt sein muss: Der Pullover von dem Herrn da vorn, in der Sitzreihe schräg gegenüber?

Falsch!

Das Faltblatt mit den Hinweisen für das Verhalten bei Notwasserung?

Auch nicht!

Die geplatzten Äderchen in Ihren Augäpfeln?

$_{10}$Nein!

Ich gebe mich geschlagen. Etwas anderes, das rot ist, sehe ich einfach nicht.

Ganz einfach: Die Haare ihrer Frau!

Was?

Sagten Sie nicht, dass sie rothaarig ist?

Ja. Aber sie ist nun mal nicht hier im Flugzeug. Wie können Sie da behaupten, dass Sie sie sehen?

Vor meinem geistigen Auge!

Wie soll ich bitteschön wissen, was Sie vor ihrem geistigen Auge sehen?

Benutzen Sie doch ein bisschen Ihre Phantasie! Denken Sie denn gar nicht an Ihre Frau, wenn Sie auf Reisen sind, Sie treulose Seele?

Doch. Aber …

Sehen Sie, ich auch. Okay, noch ein Versuch: Ich sehe was, was Sie nicht se$_2$Hen, und das ist gelb, grün, rot, rosa und schwarz.

Der Priester mit den Luftballons, der gerade draußen am Fenster vorbeifliegt und uns verzweifelt zuwinkt?

Wie haben Sie das bloß erraten!

Weil Sie genau in dem Moment, als Sie Ihre Frage gestellt haben, aus dem Fenster geschaut haben. Wenn Sie gewinnen wollen, müssen Sie schon woanders hingucken.

Wirklich?

Mein Gott, Sie haben das Spiel doch vorgeschlagen! Wissen Sie überhaupt, mit wem Sie es hier zu tun haben? In meiner Jugend war ich nordrhein-westfälischer Ich-sehe-was-was-du-nicht-siehst-Landesmeister! Ich bin jederzeit für eine Partie auf Amateurniveau zu haben, aber ein paar Grundbegriffe des Spiels sollte man doch auch bei einem Laien voraussetzen dürfen.

La : Lanthanium : Lanthan : weiches, unedles Metall. Sein Name bedeutet ‹das Verborgene›: Er verdankt sich der Tatsache, dass Lanthan lange nicht als eigenständiges Element erkannt wurde, sondern sich in seinem Nachbarelement Cer versteckt hielt.

58Ce

Hereinspaziert, meine Damen und Herren, hereinspaziert! Sie werden es nicht bereuen! Sehen Sie den kleinsten Riesen der Erde! Sehen Sie den weltgrößten Zwerg! Sehen Sie die ungelenkigsten Artisten, die furchtsamsten Feuerschlucker, die sattesten Tiger, eine Boa Constrictor mit Rückenproblemen und den einzigen Seehund der Welt, der nicht klatschen kann! Bestaunen Sie Madame Pythia, die mit Hilfe ihrer Glaskugel in die Vergangenheit sehen kann, und lachen Sie mit Signor Leporello, dem Clown, der niemals stolpert! Erleben Sie den schwächsten Mann der Welt und die Dame mit dem Unterleib! Vor allem aber: Verpassen Sie nicht den ganz normalen Durchschnittsmenschen und seine unfassbar gewöhnlichen Eigenschaften! Sehen Sie, wie er labbrigen 65Toast und Filterkaffee frühstückt! Sehen Sie, wie er schlaftrunken mit dem Bus zur Arbeit fährt, wie er appetitlos in der Kantine zu Mittag isst, wie er abends gelangweilt seine Steuerklärung macht und schließlich, weil ihm nichts Besseres einfällt, noch kurz den Fernseher einschaltet! Sehen Sie, wie er sich ein lauwarmes Bier holt und auf sein mittelgraues Sofa setzt! Setzen Sie sich dazu! Gähnen Sie! Langweilen Sie sich! Herausspaziert, meine Herren und Damen, herausspaziert! Sie werden es nicht bereuen!

Ce : Cer : Lanthanoid. Das häufigste Element der Seltenen Erden.

$_{59}$Pr

Mein Bruder und ich gleichen einander wie ein Ei dem anderen, kein Wunder, wir sind eineiige Zwillinge. Wir sind beide ein Meter neunzig groß und haben ein Faible für Schusswaffen. Wir haben beide lange, ölige schwarze Haare und eine Tätowierung mit den Worten Ich bin der Ältere auf der Brust. Die Wahrscheinlichkeit, damit recht zu haben, liegt bei jedem von uns bei fünfzig Prozent; wer tatsächlich zuerst kam, weiß nämlich niemand, nicht einmal unsere Mutter, sie konnte uns schon bei der Geburt nicht auseinanderhalten.

Unsere Eltern haben uns deshalb auch denselben Namen gegeben, was insofern praktisch war, als immer nur einer von uns zur Schule gehen musste, der andere lauerte ihm dann mit einem Gewehr auf dem Nachhauseweg auf. Aber da jeder von uns stets wusste, wie, wann und wo der andere ihm auflauern würde, ist es keinem von uns je gelungen, den anderen zu beseitigen.

Wir haben uns schließlich in unser Schicksal gefügt und beide dieselbe Frau geheiratet. Ich glaube, sie hat noch nie gemerkt, dass sie mit zwei verschiedenen Männern liiert ist, zumindest lässt sie sich nichts anmerken. Meistens halte ich mich ohnehin im Badezimmerschrank versteckt, um ihr den Schock des Doppelgängeranblicks zu ersparen. Ich komme nur zum Vorschein, wenn mein Bruder mich dringend braucht, beispielsweise zum Rasieren: Ich stelle mich ihm gegenüber und wiederhole spiegelbildlich jede seiner Bewegungen. Wenn er sich mit Rasierschaum einseift, seife ich mich auch ein; wenn er sich versehentlich schneidet, schneide ich mich auch. Scheiße, sagen wir dann beide wie aus einem Mund: Scheiße.

Soweit ich mich erinnern kann, haben wir erst einmal im

Leben etwas unterschiedlich gemacht: Nachdem wir eine Flasche Ţuika auf Ex getrunken hatten, wurde mein Bruder grün im Gesicht, weil ihm übel war. Ich hingegen wurde rot im Gesicht, weil mir der Anblick meines würgenden Bruders peinlich war. Übergeben haben wir uns dann wieder gemeinsam, er aus Übelkeit, ich aus Solidarität.

Pr : Praseodym : Lanthanoid, das eng mit dem benachbarten Element Neodym verwandt ist; der Name bedeutet ‹grüner Zwilling›. Bevor der österreichische Chemiker Carl Auer von Welsbach Praseodym und Neodym erstmalig isolierte, galten sie unter dem Namen Didym als ein einziges Element.

$_{60}$Nd

Mein Bruder und ich gleichen einander wie ein Ei dem anderen, kein Wunder, wir sind eineiige Zwillinge. Wir sind beide ein Meter neunzig groß und haben ein Faible für Schusswaffen. Wir haben beide lange, ölige schwarze Haare und eine Tätowierung mit den Worten Ich bin der Ältere auf der Brust. Die Wahrscheinlichkeit, damit recht zu haben, liegt bei jedem von uns bei fünfzig Prozent. Wir sagen auch immer dasselbe, oder haben das zumindest getan. Bis jetzt.

Denn passen Sie auf, ich verrate Ihnen ein Geheimnis. Etwas, das mein Bruder noch niemals jemandem gesagt hat, das er niemals hören wird und vermutlich auch nicht hören will. Äußerlich mögen wir einander gleichen wie ein Ei dem anderen – aber dahinter sind wir grundverschieden. Wenn mein Bruder dereinst fertig ausgebrütet ist, wenn seine Schale Risse bekommt und bricht, dann wird aus ihm ein Wetterhahn schlüpfen, der seine Schwanzfedern nach dem Wind stellt. Wenn meine Schale hingegen bricht, wird aus mir eine B-52-Superfortress schlüpfen. Sie wird bei der Geburt noch ganz klein sein, unschuldig und nackt. Sie wird keinerlei Ähnlichkeit mit mir haben und ganz bestimmt nicht meinen Namen tragen; nach allem, was ich weiß, wird sie die Geburt nicht überleben.

Nd : Neodym : Lanthanoid, das eng mit dem benachbarten Element Praseodym verwandt ist; der Name bedeutet ‹neuer Zwilling›. Bei seinem Abbau werden radioaktive Elemente wie Uran und Thorium freigesetzt.

$_{61}$Pm

Als Kind fragte ich mich oft, was ich an Stelle des Prometheus getan hätte, jenes Helden aus der griechischen Mythologie, der die Menschen erschaffen und ihnen das Feuer gebracht haben soll, und der zur Strafe für dieses Vergehen von den Göttern zu Vogelfutter verarbeitet wurde: Jeden Tag frisst ein Adler seine Leber, jede Nacht wächst sie wieder nach, eine angenehme Situation für den Adler, eine unangenehme für den Titan.

Ich stelle mir vor, dass ich versucht hätte, den Adler zu dressieren, wie ein Zirkusdompteur, der ja auch weitaus gefährlichere Raubtiere bezähmen kann, wenn er nur genügend Zeit mit ihnen verbringt. Und Zeit hätte ich schließlich, unsterblich, wie ich wäre, auf ewig an einem Felsen im Kaukasus festgeschmiedet. $_{53}$Ich hätte dem Adler kleine Kunststücke beigebracht: wie man einen Looping macht, wie man trudelt, wie man auf dem Rücken fliegt. Oder ich hätte ihn vielleicht auch einfach nur gelehrt, etwas vorsichtiger zu sein, die Leber nicht so brutal aus meiner Bauchhöhle zu hacken, sondern sie behutsam herauszuzupfen oder mir gar aus der Hand zu fressen. Vielleicht hätte ich die zu verfütternde Lebermenge jeden Tag unmerklich verringern können; vielleicht hätte ich den Adler auch auf Leberwurstbrot umgewöhnen können, wer weiß.

Wenn der Adler gelehrig gewesen wäre, hätte ich ihm das Sprechen beigebracht, oder das Singen, wenn jemand schon ein inneres Organ frisst, sollte er sich auch bei seinem Spender bedanken können. Wenn er etwas weniger gelehrig gewesen wäre, hätte ich den Adler vielleicht auch überlisten können: Ich hätte ihn darauf dressiert, im Sturzflug auf die Erde zuzurasen oder mit Höchstgeschwindigkeit gegen eine Felswand zu fliegen, vielleicht hätte er sich in seinem Greifvogelstolz zu einem halsbrecherischen Manöver hinreißen lassen, vielleicht hätte er sich und mein Problem dadurch einfach erledigt.

Vielleicht hätte ich, wenn ich Prometheus gewesen wäre, den Menschen aber auch einfach nicht das Feuer gebracht und mir dadurch den Ingrimm der Götter erspart. Oder noch besser: Ich hätte die Menschen erst gar nicht geknetet aus Erde und Lehm, es hätte sie niemals gegeben, dann wäre ihnen und mir viel Kummer erspart geblieben.

Pm : Promethium : radioaktives Element. 1945 von amerikanischen Physikern als Spaltprodukt des Urans entdeckt und zur Mahnung an die Menschheit nach dem bestraften Helden aus der griechischen Mythologie benannt.

$_{62}$Sm

Von dem russischen Bergbaubeamten Wassili Ewgrafowitsch Samarskij-Bychowez wird erzählt, dass er Gesteinsproben nicht wie andere Geologen mit dem Hammer zerkleinerte, sondern zu diesem Zweck stets einen Dreschflegel verwendete, den er, wenn er ausnahmsweise seine warme Amtsstube verließ und ins Feld ging, als einziges geologisches Werkzeug bei sich trug.

Hatte er eine ihm hinreichend erscheinende Menge an Gesteinsproben gesammelt, ließ er sie auf hartem Untergrund auslegen und hieb dann so lange mit dem eisenummantelten Flegel auf sie ein, bis die Brocken inklusive aller in ihnen enthaltenen Mineralien zu Splittern und Staub zerschlagen waren. Diese Überreste oder «Steinsamen», wie Samarskij-Bychowez sie nannte, ließ er anschließend auf einem nahegelegenen Acker aussäen. Die Steinvorräte der Erde, pflegte er zu sagen, gingen langsam aber sicher zur Neige; nur durch sorgsame Zucht und Pflege sei die Gesteinsversorgung der Menschheit auch für kommende Generationen gewährleistet.

Jedes Frühjahr, so wird erzählt, stattete Samarskij-Bychowez seinen weit über den südlichen Ural verstreuten Versuchsäckern einen Besuch ab und registrierte jeden frisch aufgepflügten Feldstein mit einem anerkennenden Pfiff sowie einer Notiz in einem Zuchtbuch. Einmal soll er die Steine sogar geerntet, gemahlen und nach einem von ihm selbst erdachten Spezialrezept zu Brot verarbeitet haben. Angeblich nötigte er anschließend zwei ihm untergebene Bergleute, die unvorsichtig genug gewesen waren, während seines Experiments die Backstube zu betreten, davon zu kosten; doch der eine lehnte dankend ab, und der andere stürzte, als er nach vollzogener

$_{19}$**K**ostprobe seinen Durst löschen wollte, in den nächstgelegenen Brunnen und konnte daher leider nicht von den Qualitäten des Steinbrots berichten.

Sm : Samarium : Lanthanoid. Das erste Element, das nicht nach seinen Eigenschaften, einem Ort oder einer mythologischen Figur, sondern nach einer historischen Person benannt wurde. Ironischerweise handelt es sich bei dem dergestalt Geehrten allerdings nicht um einen wichtigen Naturwissenschaftler, sondern um einen eher unbedeutenden Bürokraten, in dessen Amtsbereich 1847 ein neues Mineral entdeckt wurde. Der deutsche Chemiker Heinrich Rose taufte es auf den Namen Samarskit; als der französische Chemiker Émile Lecoq daraus ein neues Element isolierte, nannte er es Samarium. Darüber hinaus ist über Wassili Ewgrafowitsch Samarskij-Bychowez wenig bekannt.

63Eu

Unter unserem Bett liegt eine tektonische Verwerfung, sie teilt die M85Atratze in zwei Hälften. Ich nehme an, dass zwei Kontinentalplatten dort aufeinanderstoßen, dass sie Nacht für Nacht auseinanderdriften und den Blick in den Abgrund freigeben. Im Halbschlaf höre ich das Ächzen der Erde, ein feines Knirschen und Rieseln, wenn die Kontinentaldrift beginnt; schließlich das Bersten von Gestein, die Erde tut sich auf.

Der Bruch verläuft durch die Gästeritze, er füllt sich binnen Sekunden mit Wasser. Ich sehe Knorpelfische, die versuchen an Land zu kriechen, ich sehe Kaulquappen mit Kiemenbüscheln, ich sehe Ne75Reiden, wenn ich die Hand nach meiner Frau auf der anderen Seite des Grabens ausstrecke, schnappen sie mit Reißzähnen nach meinem Arm. Ich drehe ihnen den Rücken zu, das Schwanken des Betts und das 88Rauschen des Meeres wiegen mich zurück in den Schlaf.

Wenn ich am nächsten Morgen erwache, ist der Spalt verschwunden, das Wasser versickert. Nur eine kleine, durch die Mitte des Bettlakens verlaufende Falte beweist mir, dass ich nicht geträumt habe.

Eu : Europium : sehr seltenes Lanthanoid. Neben Americium das einzige Element, das nach einem Kontinent benannt wurde.

$_{64}$Gd

◀◀ reawItahthselfruoysitidevolebnrutruoysitierustoner auoytahtwonkuoynehwwonylecreifosetiuqemevolt'noduoyto optonerauoywonkiemrofsgaresohtnisserdtonodehtaerbuoy nehwuoyleefnacitubemmorfyawaenogev'uoyyasuoydeenon evahohwiuoyrofksaotnugebevahideergonevahohwiuoyrof gnolotnugebevahidnuowymfowodahswodahsehttsujs'tierehl aitnederconsiniapruopdnihebtfelev'isbmurcehter'yehtemref fouoytahtevolf${}_{76}$Ossbmurcehtdnikemsekamtahwnraeltsu muoyniapreuqnocothsiwohwuoyeratsuoyhcihwtapmuhylgu sihtroflatsedepehtmaflesymierabdnaeuqsetorgleenkotemlep moctonodswalruoyerehtemesiartondiduoylatsedepanomai nehwdlrowehtfoertnecehtertnecehttatonynapmocruoyro fksatonseodehdlocrondevratsrehtiensideefdnaehtolcuoytah terehelppircehtdlogruoyrofnwodoguoysatnediccaybedisyme kirtsuoyllewemevresotnraelnraeltsumuoyniapreuqnocothsi wohwuoyllihnedlogehthtaenebpeelsieesuostahtkcabhcnuh sihttonmainehwluosympuderevoctiehcnalavanaotnideppet sIlleW ▶ Well I stepped into an avalanche, it covered up my soul …

Gd : Gadolinium : ferromagnetisches Metall. Wird zur Herstellung von Tonbändern und beschreibbaren CDs verwendet.

65Tb

Der Durchschnittsmensch bügelte seine Taschentücher und trug auch im Sommer ein Unterhemd. Wenn er mit dem Bus zur Arbeit fuhr, lag auf seinem Schoß ein Aktenkoffer, darin, gesichert durch ein Zahlenschloss, ein in einen Gefrierbeutel gehülltes Salamibrot und eine Banane; auf dem Rückweg nur noch der Beutel, den der Durchschnittsmensch allabendlich wusch und zum Trocknen über einen Kochlöffel hängte. In seinem Portemonnaie bewahrte der Durchschnittsmensch ein Foto von seiner Tochter auf in einem Alter, in dem sie noch nett gewesen war, sowie ein Produkt aus dem Bereich Ehehygiene, das seine Frau nichts anging und das er Kollegen gegenüber manchmal mit den augenzwinkernden Worten *für alle Fälle* hervorholte. Aber natürlich h85Atte seine Frau das Präservativ schon längst – auf der Suche nach der Versichertenkarte, nach Kleingeld für Zigaretten oder so etwas – entdeckt, und zu den Fällen war es noch nie gekommen, nicht einmal im Singular.

So hätte das Leben des Durchschnittsmenschen weiter ohne besondere Vorkommnisse zur Neige gehen können, wenn nicht eines Tages der neue Fahrstuhl in sein Leben getreten wäre. Oder genauer gesagt: das neue Fahrstuhlkommunikationssystem, das eine Firma aus dem Süddeutschen entwickelt hatte und kurz vor ihrer Insolvenz an einige Hochhausbetreiber hatte verkaufen können. Um den Fahrstuhl zu bedienen, musste man nun seine Mitarbeiterkarte gegen ein in der Wand eingelassenes Lesegerät pressen und wurde dann von einer körperlosen Frauenstimme mit Anrede, Name und ein paar Floskeln zum Wetter begrüßt: «Guten Morgen, Herr Durchschnittsmensch, es ist acht Uhr sieben, draußen sind es angenehme fünfzehn Grad, ein mäßiger Wind weht aus Südwest, fünfundsechzigste Etage, bitte aussteigen.» Offiziell wurde die Notwendigkeit zur elektronischen Identifizierung mit den gestiegenen Sicherheitsanforderungen in Bank- und Bürogebäuden begründet; unter der Hand diente sie jedoch vor allem dazu, die Arbeitszeiten der Angestellten zu kontrollieren.

In Gesellschaft anderer Fahrgäste hatte der Durchschnittsmensch sich nie besonders beeindruckt von dem neuen Kommunikationssystem gezeigt, das die Damen des Hauses bald *Die Frau ohne Schatten* und die Herren schlicht *Die Liftschlampe* nannten. Im Gegenteil, der Durchschnittsmensch stand oft unschlüssig in der Lichtschranke und presste das Portemonnaie mit seiner Karte nur nach resoluter Aufforderung durch die anderen Fahrgäste oder die Stimme – «Wen darf ich befördern? Bitte treten Sie ein und identifizieren Sie sich» – gegen das Lesegerät. So war es in einem jener Momente, in denen der Durchschnittsmensch allein im Fahrstuhl stand, dass es zur ersten Annäherung zwischen den beiden kam.

Es begann mit den üblichen Höflichkeitsbekundungen, wie sie unter Menschen gang und gäbe, elektronischen Geräten gegenüber jedoch eher unüblich sind: mit einem Wort des Dankes für die zügige Beförderung. Mit einem *Das wünsche ich Ihnen auch.* Mit einem anteilnehmenden *Ist das Leben nicht ein ewiges Auf und Ab?*, mit einem abendlichen *Tschüss und gute Nacht*, so leise in den hochgeklappten Kragen gehaucht, dass die Gedanken lauter klangen als die Worte. Aber dann, eines Morgens im Mai, kam es zum ersten Mal zu einem richtigen Gespräch. Das Außenthermostat des Gebäudes notierte schon morgens um acht Uhr respektable einundzwanzig Grad, die anderen Fahrgäste waren in den Stockwerken Sieben, Neun und Fünfzehn ausgestiegen, der Durchschnittsmensch befand sich allein in der Kabine. «Fünfundsechzigste Etage, bitte aussteigen», sagte die Frauenstimme. «Danke», sagte der Durchschnittsmensch, nahm seinen Aktenkoffer und trat vor die noch geschlossene Tür, in deren Metalloberfläche sich der Umriss seines Gesichts spiegelte. Und dann, unmittelbar bevor die Tür sich mit einem leisen Klappern öffnete, sagte die Stimme: «Aber gern.»

Der Durchschnittsmensch zog es vor, seinen Ohren nicht zu trauen oder aber von einer Verbesserung, einer Erneuerung, einem, wie sagte man? *update* der Sprachsoftware auszugehen, obwohl die Insolvenz der Firma, die für so etwas zuständig gewesen wäre, zum bevorzugten Gesprächsthema der letzten Wochen avanciert war: *Wir können alles außer zahlen*. Doch schon wenige Tage später – ein Zwischenhoch über den Azoren sorgte weiterhin für frühlingshafte Temperaturen – musste er seine Meinung revidieren. Wieder war der Durchschnittsmensch allein im Fahrstuhl, wieder starrte er sein schemenhaftes Double in der Spiegelung der Tür an, die Fahrt verlangsamte sich, die Kabine kam zum Stillstand … doch die Tür öffnete sich nicht. Automatisch suchte seine Hand nach dem Knopf mit der 65, um durch wiederholtes Hämmern und Drücken – die einzige Sprache, die Maschinen seiner Meinung nach verstanden – seinen Wunsch nach Türöffnung zu bekräftigen, als die Stimme des Fahrstuhls ihn innehalten ließ. «Ich will Ihnen ja nicht zu nahe treten», sagte sie sanft, «aber mit Verlaub: Sie sehen in letzter Zeit etwas abgespannt aus.»

Der Durchschnittsmensch griff nach dem Knoten seiner Krawatte, legte den Kopf in den Nacken, drehte ihn abrupt nach rechts und lauschte dem Knacken seiner Halswirbel – seine bevorzugte Geste, um ein unliebsames Gespräch abzubrechen. Doch die Frau ohne Schatten ließ sich nicht beirren. «Ein bisschen Frischluft», fuhr sie fort, «würde Ihnen guttun. Ich mache Ihnen einen Vorschlag. Ich registriere, dass Sie Punkt acht Uhr hier im fünfundsechzigsten Stockwerk ausgestiegen sind, und fahre Sie dann hoch auf die Dachterrasse. Im Moment ist niemand dort oben, und ich kann dafür sorgen, dass Sie nicht gestört werden. Wenn Sie wieder runter wollen, brauchen Sie nur zu rufen. Drücken Sie», der Tonfall, den die Frau anschlug, erschien dem Durchschnittsmenschen eine Spur zu vertraulich, ja geradezu anstößig, dennoch willigte er in Gedanken bereits ein, «drücken Sie in diesem Fall einfach sachte auf den Pfeil nach unten.»

▼

«Und?», fragte die Frau ohne Schatten, als der Durchschnittsmensch eine halbe Stunde später wieder im Fahrstuhl erschien. «Wie war es?» Es war wunderbar gewesen: Die milde Brise, die ihn am Fahrstuhlausgang wie einen alten Freund empfangen hatte. Der Duft von modrigem Laub und Apfelblüten, der direkt vom Taunus herüber zu wehen schien. Der Blick auf den Fluss, der sich so natternschwarz und unbeirrbar durch das Dickicht der Stadt wand, dass dem Durchschnittsmenschen, dem Gesang sonst fremd war, eine Liedzeile über die Lippen entwich, *Warum ist es am Main so schön?*, ganz unwillkürlich, so wie andere Menschen rülpsen. Vor allem aber die Hochhäuser rings um ihn her, an deren diamantenen Fassaden die Morgensonne in tausend Stücke zerbarst, sowie der Gedanke, dass hinter all diesen Fenstern jetzt Menschen an ihren Schreibtischen saßen und Dinge taten, von denen sie sich einredeten, dass sie sinnvoll seien, und dass er, der Durchschnittsmensch, nicht zu ihnen gehörte, und sei es auch nur für eine halbe Stunde.

«Es war … in Ordnung», sagte der Durchschnittsmensch.

«Ganz hübsche Aussicht. Leider ein bisschen diesig. Jetzt muss ich aber wirklich …»

«Natürlich», sagte die Frau ohne Schatten; Enttäuschung schien in ihrer Stimme mitzuschwingen. «Nur …»

«Was denn noch?»

«Ihre Frisur.»

Na so was. Der Durchschnittsmensch befeuchtete die Innenfläche seiner rechten Hand mit Spucke, strich sich den Scheitel glatt, ordnete seine Kleidung und betrat dann entschlossenen Schrittes die fünfundsechzigste Etage. Das ihm hinterhergehauchte *Bis bald!* konnte er schon nicht mehr hören, so laut rauschte das Blut in seinen Ohren.

In den folgenden Wochen verbrachte der Durchschnittsmensch zunehmend Zeit im Fahrstuhl: Morgens ging er früher zur Arbeit, um beim Hochfahren die Frau ohne Schatten für sich allein zu haben. Abends verließ er als Letzter das Büro, um noch in Ruhe eine Runde zum Dach, zur Tiefgarage und zurück zu fahren. Immer häufiger kam er zu spät und mit hochrotem Kopf aus der Mittagspause, wollte niemandem verraten, wo er gewesen war, und wer sich so aufführte, der durfte sich nicht wundern, wenn in der Gerüchteküche die Messer gewetzt wurden.

Seine Kollegen schickten ihm bald täglich E-Mails mit Angeboten amerikanischer Online-Apotheken oder plastischer Chirurgen aus Osteuropa. Seine Kolleginnen warfen ihm neugierig-vorwurfsvolle Blicke zu, von denen der Durchschnittsmensch der Frau ohne Schatten nicht ohne Stolz erzählte, woraufhin sie sehr einsilbig wurde. Seine Frau versuchte ihren Mann zur Rede zu stellen, suchte in seinem Portemonnaie demonstrativ nach Kleingeld für Zigaretten, fand planmäßig das plattgesessene Präservativ, tat überrascht und brach dann doch in echte Tränen aus. Seine Tochter sagte «Papa, du bist so was von scheiße» und ging dazu über, ihn mit Vornamen anzusprechen. Die Einzige, mit der der Durchschnittsmensch wirklich reden konnte, war die Frau ohne Schatten.

Und sie tat ihr Bestes, um ihn aufzuheitern. «Es geht wieder aufwärts», sagte sie manchmal tröstend, wenn der Durchschnittsmensch im Erdgeschoss einstieg. Oder sie tat so, als befände er sich in einem Flugzeug, «Bitte stellen Sie die Sitze gerade und das Rauchen ein», als könnten sie beide weit wegfliegen, als würde es jeden Moment losgehen und sie wäre der Kapitän oder die Kapitänin, oder sagte man Kapiteuse oder Capitelle? Einmal nannte sie ihn zärtlich «Mein verrückter Mann in seiner fliegenden Kiste», ein anderes Mal raunte sie, es war schon spät, und ihre Stimme klang, als hätte sie getrunken: «Wenigstens haben wir noch uns.»

«Ich halte das nicht mehr aus», sagte der Durchschnittsmensch eines Morgens; er hatte seinen Aktenkoffer auf den Boden gestellt, sich auf ihn gesetzt und den Fahrstuhl zwischen der zwanzigsten und der einundzwanzigsten Etage mit dem Nothalteknopf zum Stehen gebracht.

«Was denn?»

«Das … alles. Das Schweigen meiner Frau. Das Gerede der Kollegen …» Der Durchschnittsmensch lehnte seinen Kopf gegen die Fahrstuhlwand. «Aber wahrscheinlich bin ich meinen Job ja sowieso bald los.»

«Warum denn das?»

Ob sie denn nicht die drei Herren bemerkt habe, die seit einigen Tagen im fünfundsechzigsten Stockwerk ein- und ausstiegen?

«Diese ganz wichtigen? Die immer zum Lachen in den Keller fahren?»

«Wie bitte? Die fahren zum Lachen in den …»

«Vergiss es. War ein Witz. Was sind das für Herren?»

Berater, sagte der Durchschnittsmensch. Was sie eigentlich machten, wusste keiner so genau. Aber dass es sich bei ihnen um Sendboten des Teufels handelte und kein Stuhl so robust war, dass er nicht von heute auf morgen zu Kleinholz zerlegt und in den feurigen Abgrund geworfen werden konnte, darüber waren sich alle einig. Und dass gerade *sein* Stuhl in letzter Zeit häufig unbesetzt geblieben war und ohne viel Aufhebens zu Brennmaterial verarbeitet werden konnte, das war auch seinem Vorgesetzten nicht entgangen. «Weißt du, was das bedeuten würde?»

Aus der Tiefe hörte man Fäuste gegen die Tür des Fahrstuhlschachts hämmern. Der Durchschnittsmensch hob den Kopf von der Wand und trocknete sich mit der Krawatte die Augen.

«Vielleicht», unterbrach die Frau ohne Schatten das Schweigen, «kann ich dir helfen.»

«Ja», sagte der Durchschnittsmensch bitter. «Du könntest mich auf die Dachterrasse fahren, und ich nehme auf dem Rückweg die Abkürzung über die Brüstung.»

«Sag doch so etwas nicht», die Stimme der Frau ohne Schatten klang ehrlich erschrocken. «Eigentlich wollte ich dir vorschlagen, dich nach unten zu bringen. Nach ganz unten.»

«In den Keller? Und was soll ich da? Lachen?»

Aber nein, sagte die Frau ohne Schatten. Nicht in den Keller. Nicht in die Tiefgarage. Nicht in die Fundamente des Hochhauses oder sonst einen Teil des Gebäudes. Sondern viel, viel tiefer.

Das, sagte der Durchschnittsmensch, müsse sie ihm erklären.

«Nun … das ist gar nicht so einfach.» Die Frau ohne Schatten hielt inne. «Kennst du das, wenn auf CDs Musikstücke verborgen sind, die nicht auf der Hülle stehen? Diese, wie nennt man sie, *hidden tracks*? Das Prinzip ist ganz einfach. Nach dem angeblich letzten Stück kommt eine sehr lange Pause: zehn Minuten, zwanzig, eine halbe Stunde. Die meisten Hörer denken, die CD sei zu Ende, und nehmen sie aus dem Gerät. Nur manchmal lässt jemand die CD versehentlich weiterlaufen und stößt so auf das verborgene Stück. Ganz ähnlich ist das auch bei uns Fahrstühlen. Zumindest bei manchen von uns. Zumindest … bei mir.»

«Du meinst, wenn ich ins Untergeschoss fahre … und wenn ich nach dem automatischen Öffnen und Schließen der Türe lange genug warte … dann geht es irgendwann weiter abwärts? In eine geheime Etage?»

Einen Augenblick lang war es im Fahrstuhl ganz still. Dann sagte die Frau ohne Schatten vorsichtig: «Ich würde es nicht direkt eine *Etage* nennen. Es handelt sich eher … um eine Art Paralleluniversum. Eine Welt, in der alles möglich ist. Man sagt, sie gleiche derjenigen hier oben aufs Haar. Und doch gibt es einen gewaltigen Unterschied: Man kann dort all das tun, was man hier oben, in der vertrauten Welt, nie gewagt hat.»

Der Durchschnittsmensch zögerte nur für den Bruchteil einer Sekunde, dann sagte er mit einer Entschlossenheit, die ihn selbst überraschte: «Bring mich hin.»

Auf dem Weg nach unten sprachen sie nicht mehr; der Durchschnittsmensch nahm mit Erleichterung zur Kenntnis, dass, wer auch immer vorher gegen die Tür des Schachts gehämmert hatte, inzwischen einen anderen Fahrstuhl genommen haben musste, die Fahrt verlief ohne Zwischenhalt. Die roten Balken der LED-Anzeige über der Fahrstuhltür formten eine 1, dann ein E, dann ein U. Die Tür öffnete sich zur Tiefgarage, der Duft von Reifenabrieb und Benzol schlug ihm entgegen. Der Durchschnittsmensch widerstand dem Impuls, die Kabine mit dem dafür vorgesehenen Knopf zu schließen, lehnte an der rückwärtigen Wand des Fahrstuhls, wartete ab. Nach einer Weile schloss die Tür sich wieder. Mit einem Klopfen setzte sich der Fahrstuhl in Bewegung.

Wie tief die Fahrt wohl gehen mochte? Der Durchschnittsmensch sah auf seine Armbanduhr: acht Uhr zweiundzwanzig und sieben Sekunden. Angenommen, er bewegte sich mit einer Geschwindigkeit von drei Metern pro Sekunde, dann … Aber wie konnte er das wissen? Er hatte ja keine Ahnung, wie schnell so ein Fahrstuhl fuhr. Strenggenommen, dachte der Durchschnittsmensch, hatte er keine Ahnung, ob der Fahrstuhl, in dem er sich befand, *überhaupt* fuhr. Ob das Gehäuse nicht einfach nur ächzte und quietschte, sich in Wirklichkeit jedoch nicht von der Stelle bewegte. Wie aber sollte er das herausfinden? Wenn der Fahrstuhl sehr schnell abwärtsfuhr und er, der Durchschnittsmensch, in die Luft sprang, dann müsste er doch eigentlich gegen die Decke stoßen – oder?

Der Durchschnittsmensch versuchte, sich an den Physikunterricht zu erinnern. Drehte sich, wenn man in die Luft sprang, nicht auch die Erde unter den Füßen? Er ging in die Hocke, spannte die Muskeln, drückte sich mit den Handflächen vom Boden ab und hüpfte, so kräftig er konnte, in die Höhe. Als er wieder aufkam und seine Position begutachtete, war er sich ziemlich sicher, mit geringfügiger Verzögerung und einige Zentimeter neben seiner Absprungstelle gelandet zu sein. Gerade wollte er den Versuch wiederholen, als das Quietschen der Kabine langsamer und leiser wurde und schließlich verstummte.

Der Durchschnittsmensch stellte sich aufrecht hin, legte den Kopf in den Nacken, ließ die Halswirbel knacken. Er fuhr sich mit dem Handrücken über die Stirn, überprüfte den Sitz der Krawatte und griff nach seinem Koffer, den er, das wusste er im selben Augenblick, von nun an nicht mehr brauchen würde. Er lächelte seinem schemenhaften Doppelgänger in der Spiegelung der Fahrstuhltür zu. Die Tür öffnete sich und gab den Blick auf einen Flur frei, der dem aus der fünfundsechzigsten Etage tatsächlich täuschend ähnlich sah. Und doch war alles anders, dachte der Durchschnittsmensch. Er sah eine Galaxie von Möglichkeiten vor sich aufscheinen, so zahlreich und klar wie die Regentropfen draußen an der Fensterscheibe. Nichts würde so sein wie bisher.

Tb : Terbium : silbriges Metall. Wird als Legierung in der Optoelektronik, etwa in den Lasern von Fahrstuhltürlichtschranken oder zum Brennen von CDs verwendet.

66Dy

Lieber Verlobter.

Oder sollte ich vielleicht besser schreiben: Verlobter.

Oder sollte ich vielleicht besser schreiben: Untreue Seele, oder sollte ich vielleicht überhaupt nichts schreiben, schließlich hast Du schon seit Ewigkeiten nichts mehr von Dir hören lassen. Dein letzter Brief liegt so lange zurück, dass ich mich kaum daran erinnern kann, ihn jemals gelesen zu haben. Und danach habe ich ihn vermutlich weggeworfen oder zum Feuermachen oder zum Einwickeln von Küchenabfällen verwendet, ich kann ihn jedenfalls nirgendwo mehr finden.

Hast Du mein Paket mit dem Apfelkuchen bekommen? Ich hoffe, er war noch frisch. Ich hoffe außerdem, Du hast die Pistolenkugel gefunden, die ich darin eingebacken habe, und sie nicht versehentlich heruntergeschluckt oder Dir die Zähne daran ausgebissen. So wie an mir, damals, als Du mich das erste Mal zum Tanz aufgefordert hast und ich sagte: Mit so einem Hut kommen Sie hier nicht rein.

Apropos: Dein Hut. Ich wünschte wirklich, Du würdest Dir einen neuen kaufen. Weißt Du eigentlich, warum sich ständig Fliegen und anderes Ungeziefer auf seiner Krempe niederlassen? Weil er stinkt wie ein Misthaufen, deshalb. Er sieht auch scheiße aus, da kannst Du tausendmal behaupten, dein Hut stehe Dir so gut. Ich stelle mir immer vor, dass Du eines Tages stirbst, bei einem Duell oder einem dieser Streits, die Du andauernd vom Zaun brichst, und dass ich darüber gar nicht richtig traurig sein kann, sondern mich freue; einfach nur, weil ich Dich dann endlich einmal ohne Hut sehe.

Das ist das Erste, was ich nach Deinem Tod machen werde:

dieses schäbige Ding wegschmeißen. Aber bis es so weit ist, soll diese Pistolenkugel Dir Glück bringen, ich hoffe wirklich sehr, Du hast sie rechtzeitig gefunden. Ich habe mir außerdem erlaubt, ein Beruhigungsmittel unter den Kuchenteig zu mischen, damit Du Dich nicht immer so aufregst und in Streit gerätst. Du siehst, ich mache mir Sorgen.

Ich verstehe wirklich nicht, warum Du mir nie schreibst. Liegt es daran, dass Du meine Adresse falsch buchstabierst? Dass Du Missouri, Mississippi und Minnesota nicht auseinanderhalten kannst? Oder liegt es daran, dass Du überhaupt nicht schreiben kannst? Manchmal glaube ich fast, dass es Dich gar nicht gibt. Dass Du nur eine Ausgeburt meiner Phantasie bist, der stinkende Hut, der rauchende Colt, der ungewaschene Typ dazwischen, ist das womöglich alles gar nicht wahr? Existierst Du nur in meinem Traum?

Wenn ja, dann ist es ein Traum, aus dem ich gern erwachen möchte. Jetzt. Auf der Stelle. Verzeih mir, aber ich halte diese Stille nicht mehr aus. Dieser **35Br**ief ist das Letzte, was Du von mir hören oder besser: lesen wirst. Immer gesetzt den Fall, Du hast überhaupt Augen, um zu lesen; immer gesetzt den Fall, Du existierst. Aber ich muss Schluss machen, die Pferde scharren schon mit den Hufen, der Kutscher geht ungeduldig auf und ab, die Sonne geht ungeduldig unter, der Pony Express kann nicht mehr warten, leb wohl.

Dy : Dysprosium : hartes Metall, das unter anderem in Spezialmagneten eingesetzt wird. Sein Name ist von dem griechischen Wort *dysprositos* abgeleitet und bedeutet ‹schwer zu bekommen›, ‹unzugänglich›.

$_{67}$**Ho**

S

IE

SIN

DBLI

NDSIE

SEHEND

ASWESEN

DERDINGE

ABERVOND

IESEMTEX

TKEINWORT

Ho : Holmium : silbriges Metall. Mit Holmium dotierte Lase- werden vor allem $_{4}$**Be**i Augenoperationen eingesetzt.

$_{68}$Er

Wie sich erst Monate später sowie nach einer – wenn man den Medienberichten glauben darf – ausnehmend u$_{11}$Nappetitlichen Exhumierung seiner sterblichen Überreste herausstellte, war der Wirt meines ehemaligen Lieblingsitalieners nicht etwa, wie ursprünglich angenommen, an den Folgen einer Blutvergiftung gestorben, die er sich beim Schleifen eines rostigen Pizzamessers zugezogen hatte («ein italienisches Pizzamesser rostet nicht», wie der zuständige Kriminalhauptkommissar bei der Verhandlung im Zeugenstand erklärte), sondern an den Folgen einer Lebensmittelvergiftung, die ihm sein ältester Sohn zugefügt hatte.

Offenbar hatte der Sohn über Monate hinweg das Tafelsalz vergiftet, das der Vater allmorgendlich und in rauen Mengen über sein Frühstücksei zu streuen pflegte. Dies war insofern konsequent, als die Angewohnheit des Vaters, sämtliche Restaurantrechnungen mit einer Prise Salz oder gar einem Dressing aus frisch gemahlenem Pfeffer, Kräutern sowie saurer Sahne zu garnieren, angeblich der Auslöser für den Mord gewesen war: Diese Marotte sei ihm schon lange peinlich gewesen, erklärte der Sohn vor Gericht, ihr einstmals renommiertes Restaurant sei ja das Gespött der örtlichen Gastronomieszene gewesen. Außerdem hätten etliche Gäste ihre dergestalt gewürzte Rechnung einfach verzehrt, bevor man habe abkassieren können, was das Restaurant langsam aber sicher an den Rand des Ruins gebracht und damit sein, des Sohnes, Erbteil empfindlich geschmälert, wenn nicht sogar vernichtet habe.

Das Element, das er zum Giftmord verwendet hatte, bezeichnete der Sohn vor Gericht – vielleicht weil er, wie sein seliger Vater, für das kreative Potential der deutschen Sprache besonders wache Ohren hatte – als «Erbium». Wie der Gerichtsmediziner beteuerte, handelte es sich aber um ganz gewöhnliches $_{33}$**Ar**senik.

Er : Erbium : Metall der Seltenen Erden. Wie seine ‹Geschwister› Ytterbium, Yttrium und Terbium nach der Grube Ytterby in Schweden benannt.

$_{69}Tm$

Hiergeblieben, meine Damen und Herren, hiergeblieben! Sie haben ja noch gar nicht unsere Hauptattraktion bewundert: das Chamäleon, das sich so gut tarnen kann, dass man es beim besten Willen nicht sieht. Es ist auch so leise, dass man es beim besten Willen nicht hört, und so reinlich, dass man es beim besten Willen nicht riecht.

Das Chamäleon selbst sieht, riecht und hört aber seinerseits hervorragend. Es wittert seine Feinde – und dazu gehören nun einmal wir Menschen – schon von Ferne und tarnt sich dann noch ein bisschen besser, als es ohnehin schon getarnt ist. Zuerst nimmt es die Farbe seiner Umgebung an; dann nimmt es die Oberflächenstruktur seiner Umgebung an; schließlich nimmt es auch noch den Geruch seiner Umgebung an und verhält sich ganz ruhig. Erst wenn das Chamäleon hundertprozentig sicher ist, dass die Gefahr vorüber ist, fängt es nach einigen Tagen des Wartens an, sich unmerklich langsam wieder zu bewegen. So steht es zumindest in der zoologischen Fachliteratur, und ihr müssen wir glauben, schließlich hat kein mir bekannter Mensch dieses Wunderwesen je beobachtet. Oder gerochen. Oder …

Wo laufen Sie denn hin? Hiergeblieben, meine Damen und Herren, hiergeblieben! Gehen Sie nicht, ohne diese Weltsensation mit eigenen Augen übersehen, mit eigenen Ohren überhört und mit offenem Mund ignoriert zu haben! Bewundern Sie das beste Chamäleon der Welt! Unsere Tierpfleger sind gerade auf der Suche nach ihm.

Tm : Thulium : das seltenste Element der Seltenen Erden. Nach der mythischen Insel Thule benannt. Findet aufgrund seines hohen Preises kaum praktische Verwendung.

₇₀Yb

Bekanntlich handelt es sich bei Wichten um unfassbar feststoffliche Wesen, denen nichts und niemand etwas anhaben kann. Obwohl sie einen Großteil ihres Lebens in feuchten, schlecht beheizten Bergwerksstollen verbringen, sind Wichte fast niemals krank, Allergien kennen sie nicht einmal dem Namen nach, und für Phobien, Depressionen und and68Ere psychische Störungen sind sie einfach zu schlicht gestrickt. Auch nach mehrwöchigen Saufgelagen haben sie keinen Kater. Angriffe mit konventionellen Waffen wehren sie mit Hilfe ihrer Schwerter, Schilder, Helme und einem Schulterzucken ab. Da sie auch gegen die Auswirkungen radioaktiver Strahlung immun sind, werden Wichte häufig im Untertagebau zur Schürfung spaltbaren Materials eingesetzt. Leider ist es bisher nicht gelungen, sie in Gefangenschaft zu züchten, da ausschließlich männliche Exemplare dieser Gattung entdeckt wurden. Ihre Herkunft ist denn auch weitgehend ungeklärt; möglicherweise handelt es sich um Nachkommen des römischen Feldherrn Gaius Iulius Caesar, die dessen illegitimer Liaison mit der Erdgöttin 52Tellus entsprungen sind. Zumindest haben sie seine Nase.

Yb : Ytterbium : schwer zu gewinnendes Schwermetall. Nach der schwedischen Stadt Ytterby benannt: In der dortigen Grube wurde das Erz gewonnen, aus dem das Element erstmals isoliert wurde.

71Lu

Die Hauptattraktion des Moulin Noir ist die langsame Lulu. Seit zwanzig Jahren steht sie auf der kleinen Bühne im achtzehnten Arrondissement, ihren Pianisten und Partner am Bühnenrand zu ihrer Linken, und entkleidet sich zu den Klängen von John Cages Komposition *As Slow(ly) and Soft(ly) as Possible*. Wobei von Klängen zu sprechen fast eine Übertreibung ist, nur alle neun Monate spielt der Pianist einen Ton, ganz langsam, ganz sachte, und Lulu bewegt sich dazu, ebenfalls langsam und sachte, bis der Nachhall von den Fauteuils im Zuschauerraum verschluckt worden ist. Dann verfällt sie wieder in jene unnachahmliche Starre, die ihre Bewunderer so lieben.

Lulus Karriere währt also schon lange, sie ist aber schnell erzählt: Sieben Jahre nach Beginn ihres Auftritts hatte Lulu sich ihres ersten Seidenstrumpfs entledigt. Weitere sieben Jahre später folgte der zweite; seitdem liegt Lulu in aufreizender Pose auf dem Rücken und nestelt verführerisch am obersten Knopf ihrer Bluse herum. Die große Hoffnung ihrer Bewunderer ist es, noch jenen Moment miterleben zu dürfen, wenn die langsame Lulu ihre Bluse auszieht und im spitzenbesetzten Bustier, dessen Saum schon unter der Bluse erahnbar ist, dastehen wird. Ganz Optimistische hoffen gar, sie dereinst halbnackt zu erblicken.

Aber dass dies je geschehen wird, ist unwahrscheinlich. Lulus Bewunderer sind nicht mehr die Jüngsten, und auch an Lulu selbst ist die Zeit nicht zahnlos vorübergegangen. Seit dem Ausziehen ihres ersten Seidenstrumpfs hat sie Probleme mit dem Rücken, seit dem Ausziehen des zweiten Schmerzen im rechten Knie, und an manchen Tagen, das müssen selbst ihre größten Verehrer eingestehen, wirkt ihr Lächeln etwas gequält. Wahrscheinlicher ist, dass selbst die langlebigsten Bewunderer beim Öffnen des letzten Blusenknopfs nicht mehr zugegen sein werden. Wahrscheinlicher ist, dass auch die langsame Lulu nicht mehr dazu kommen wird, ihre Bluse auszuziehen, sondern dass sie sich vorher mit ihrem Partner und Pianisten aus dem Bühnenleben zurückzieht; ganz langsam und sachte, versteht sich. Die gemeinsame Tochter soll ihre Arbeit dereinst fortsetzen.

Lu : Lutetium : silberweißes Schwermetall. Von seinem Entdecker, dem Franzosen Georges Urbain, nach dem lateinischen Namen für Paris benannt. Erst nach fünfzehntausend fraktionierten Kristallisierungen gelang es Urbain, das Element ‹nackt›, also in seiner Reinform zu erhalten.

Sie hier und nicht auf der Kirchturmspitze?

Kikeriki!

Ja, ich freue mich auch, Sie zu sehen. Wenn ich nicht diese komische Federn-Wachs-Konstruktion umgeschnallt hätte und wie wild mit den Armen fuchteln müsste, um einen Absturz zu vermeiden, würde ich Ihnen die Hand schütteln.

Kikeriki!

Ja, ich bin auch überrascht, Sie hier zu treffen. Was ist denn der Sinn und Zweck Ihrer Reise? *Business or pleasure?* Und antworten Sie bitte nicht schon wieder mit Kikeriki.

Wenn Sie mich so nett darum bitten.

Nanu, Sie können ja tatsächlich sprechen!

Ich muss Sie enttäuschen: Das ist nur eine eine Halluzination, eine Ausgeburt Ihrer Phantasie. Aber wenn es Ihnen die Einsamkeit des Langstreckenfliegers erträglicher macht: Nur zu, phantasieren Sie weiter. Mein Schnabel gehört Ihnen.

Aber Ihr Kikeriki – das ist doch wenigstens echt, oder?

Tut mir leid: ebenfalls nichts als Einbildung. Mein Gott, ich bin ein Wetterhahn, sehen Sie das denn nicht?

Und was führt Sie hierher?

Der Zephyr, der Jetstream, ein Orkantief mit einem altmodischen Männernamen, was weiß ich? Irgendeine blöde Luftströmung wird mich von meiner Kirchturmspitze gerissen und aufs offene Meer getragen haben. Und selbst?

Ich bin auf der Flucht. Mit Hilfe dieser mächtigen Schwingen, die mein lieber Herr Vater für mich gebaut hat, habe ich mich **2He**ldenmütig von einer Klippe gestürzt, um den Flug in die Freiheit anzutreten.

Sagten Sie tatsächlich: Schwingen? Da hat Ihr lieber Herr

Vater Sie aber schön reingelegt. Wenn Sie mich fragen, halten diese flimsigen Dinger keine zehn Sekunden mehr.

Ich frage Sie zwar nicht, aber ich fürchte, Sie haben recht. Was ich tatsächlich noch gern erfahren würde, bevor ich abstürze: Warum sind Ihre Flügel so gut wie unversehrt, während meine nur noch aus klebriger Matschepampe bestehen?

Hitzebeschichtung. Neue Formel, Militärgeheimnis, klassifizierte Information, Patent angemeldet. Mehr darf ich dazu nicht sagen.

Trotzdem Danke. Wenn ich nicht so rapide an Höhe verlieren würde, würde ich Ihnen die Hand schütteln.

Es ist der Gedanke, der zählt.

Ein Hahn, ein Wort.

Kikeriki.

Hf : Hafnium : silbriges Metall. Hat in Verbindung mit Kohlenstoff, als Hafniumcarbid, den höchsten Schmelzpunkt von allen Feststoffen. Wird aber auch anderen Metallen zugesetzt, um deren Stabilität und Hitzebeständigkeit zu erhöhen.

$_{73}$Ta

Nachdem ich unseren Sohn nach altem Familienrezept gebraten und den Göttern mit Kartoffelkroketten und Mandelbrokkoli zum Fraß vorgeworfen hatte, schickte mich meine Frau in die Wüste.

Am ersten Tag trank ich den gesamten Wasservorrat, den ich in meiner Feldflasche bei mir führte, aber Durst hatte ich immer noch.

Am zweiten Tag lutschte ich die Kieselsteine, die ich in weiser Voraussicht in meine Jackentasche gesteckt hatte, aber Durst hatte ich immer noch.

Am dritten Tag pinkelte ich in meinen Tropenhelm und trank meinen Urin, am vierten Tag schnitt ich mir die Pulsadern auf und trank mein Blut, am fünften Tag leckte ich mir den Schweiß vom Körper, von den Schenkeln, den Armen, aus den Achseln, selbst die Tropfen, die von meiner Nase fielen, fing ich mit hechelnder Zunge auf, aber Durst hatte ich immer noch.

Am sechsten Tag trank ich glühenden Sand, und er lag mir bitter im Magen, aber in meinem Mund war er süß wie Honig.

Am siebten Tag sah ich einen Getränkegroßmarkt.

Ich lief mit letzter Kraft auf ihn zu, die automatischen Glastüren öffneten sich, klimatisierte Luft schlug mir entgegen. Ich stolperte in die Kühle, stürzte mich auf einen Einkaufswagen, schob ihn durch die mittelgrauen Gänge, lud einen Kasten Mineralwasser auf und ging zum Ausgang.

An der K$_{33}$**As**se saß meine Frau. Sie nahm eine der Wasserflaschen aus dem Kasten und schob sie über das elektrische Lesegerät, ein Spinnennetz roter Linien streifte den Barcode.

Macht zwanzig Steine, sagte sie.

Ich griff in meine Tasche und zählte die Kiesel aufs Transportband: eins, zwei, drei, vier … neunzehn Stück, den letzten hatte ich vor Durst und Hunger versehentlich verschluckt. Flehend sah ich meine Frau an, doch sie nahm den Mineralwasserkasten bereits aus dem Wagen und schüttelte bedauernd den Kopf.

Ta : Tantal : weiches Metall. Da das zuerst isolierte Tantaloxid sich in keiner Säure lösen ließ, also gewissermaßen ‹seinen Durst nicht löschen› konnte, wurde das Element nach der Figur des Tantalos aus der griechischen Mythologie benannt.

74W

Im Namen des Volkes. Urteil: Das Landgericht – Große Strafkammer – erkennt in dem Strafverfahren gegen den bö34**Se**n Wolf wegen versuchten Totschlags für Recht: Erstens: Der Angeklagte ist schuldig der arglistigen Täuschung durch Kreidefressen und Pfotebemehlen, des Hausfriedensbruchs sowie des versuchten Totschlags in Tateinheit mit gefährlicher Körperverletzung in sechs sachlich zusammentreffenden Fällen. Zweitens: Gegen den Angeklagten wird deswegen eine Körperstrafe in Form von Wackersteinimplantation mit daraus resultierendem Unwohlsein durch Rumpeln und Pumpeln im Bauch sowie abschließendem Tod durch Ertränken verhängt. Drittens: Der Angeklagte hat die Kosten des Verfahrens, seine notwendigen Auslagen und die notwendigen Auslagen der Geißenmutter als Nebenklägerin zu tragen.

W : Wolfram : extrem hartes, silberglänzendes Metall. Sein Name rührt daher, dass W die Zinngewinnung im Schmelzofen erschwert, das Zinn also gewissermaßen, wie der Wolf die sieben Geißlein, ‹auffrisst›.

Die Rheintöchter sind aquatisch lebende Wirbeltiere aus der Familie der Nymphen, Unterordnung der Nereiden, Ordnung der Nixen, Klasse des Nickergezüchts.

Obwohl sie über keine Flossen verfügen, sind Rheintöchter sehr gute Schwimmerinnen, die gleichermaßen mit der Lunge und über die Haut atmen und stromabwärts bis zu dreißig Kilometer in der Stunde zurücklegen können. Im Gegensatz zu den meisten anderen Nickergezüchten leben die Rheintöchter im Süßwasser, vorzugsweise in edelmetallhaltigen Fließgewässern mit einer Tiefe von mehr als drei Metern, wo sie sich am Gleißen des von ihnen gehüteten Goldes sowie am Wogen der wütenden Wellen weiden und allfällige menschliche Beobachter durch das Sprechen in Stabreimen um den Verstand bringen.

Die Fortpflanzung erfolgt über Laich, der an Wasserpflanzen im Uferbereich abgelegt wird. Drei bis vier Wochen nach der Befruchtung schlüpft die Rheintöchterlarve aus der gallertigen Eihülle. Sie hat zunächst an jeder Kopfseite drei äußere Kiemenbüschel, außerdem einen Ruderschwanz mit Flossensaum. Mit Hilfe von Haftorganen im Mundbereich hält sie sich an Pflanzen, Ästen oder Steinen fest und zehrt von ihrem Eidottervor88Rat am Bauch. Nach der mehrere Tage dauernden Anheftungsphase öffnet sich das bis dahin schlitzförmige Maul, der Ruderschwanz vergrößert sich und bekommt breitere Hautsäume. Die Larve ist jetzt schwimmfähig und nimmt aktiv Nahrung auf.

Die Endphase des Larvendaseins ist von der Rückbildung des Ruderschwanzes, der Umformung des Mauls und des Verdauungskanals, der Entwicklung von Lungen und gleichzeitigen Rückbildung der Kiemen und einem allgemeinen Gestaltwandel geprägt. Schließlich verlässt die kleine Rheintochter das Wasser, die zunächst noch fischartige Gestalt weicht dabei immer mehr den Zügen eines Menschen. Das Tier ernährt sich nun von kleinen Wirbellosen wie Fliegen, Mücken und Würmern.

Aufgrund der Gewässerverschmutzung sowie der Bejagung durch den Menschen sind die Rheintöchter in Deutschland so gut wie ausgestorben. Das letzte in Freiheit lebende Exemplar wurde 1869 in der Nähe von Worms erlegt.

Re : Rhenium : sehr seltenes Metall, schwerer und kostbarer als Gold. 1925 von Ida Tacke, Walter Noddack und Otto Berg entdeckt und, in Gedenken an Tackes niederrheinische Heimat, nach dem lateinischen Wort *rhenus*, ‹Rhein›, benannt.

76 Os

«Wir werden sie mit ihren eigenen Waffen schlagen!» Vor den teils erstaunt, teils routiniert gelangweilt dreinblickenden Augen seiner Konfirmanden entnahm unser Pfarrer der Aldi-Tüte, die er zu Beginn der Stunde mit verschwörerischer Miene auf den Tisch gelegt hatte, eine Schallplattenhülle: Auf ihrer Vorderseite thronte eine dürftig gekleidete Frau mit Bockshörnern auf dem Kopf vor einem Flammenmeer. Über den Hörnern prangte ein beinahe unleserlicher Runenschriftzug, den zwei Jungen aus der letzten Reihe dennoch umgehend als Name der Heavy-Metal-Band *Nymphomaniac of Babylon* identifizierten.

Unser Pfarrer nickte vielsagend, griff in die Schutzhülle und entnahm ihr so behutsam, als handelte es sich nicht um eine Schallplatte, sondern um eine schwarze Hostie mit achtunddreißig Zentimetern Durchmesser, das schimmernde Vinyl. In einer Ecke des Gemeinderaums stand eine altertümliche Stereoanlage inklusive Plattenspieler, und wir Konfirmanden staunten nicht schlecht, mit welcher Selbstverständlichkeit und discjockeyhaften Präzision unser Pfarrer die Platte auf der Filzunterlage platzierte, mit spitzen Fingern den Tonarm ergriff, ihn, während er sich tief über die Platte beugte, an einer bestimmten Stelle herabsinken ließ und dann mit rhythmischen Handbewegungen begann, den Teller gegen den Uhrzeigersinn zu drehen.

«Mit ihren eigenen Waffen schlagen!» rief er wieder, und dann, während aus den Lautsprecherboxen eine Gitarre aufjaulte wie ein Werwolf, dem man auf den Schwanz getreten hat: «Diese Hunde haben das Gebet unseres Herrn gestohlen! Sie rezitieren es rückwärts, um seine segensreiche Botschaft zu pervertieren! Sie haben ihm die Worte im Mund umgedreht, so, wie sie in ihren Messen das Kreuzeszeichen verkehren!» Er stieß hart Luft durch die Nase, ein Leviathan, der Feuer schnaubt.

«Aber wisst ihr was?», fuhr unser Pfarrer fort. «Wir lassen uns das nicht länger bieten. Wir werden diesem finsteren Treiben endlich Einhalt gebieten. Wir stehlen uns das Gebet zurück!» Und während er die Platte weiter rückwärts rotieren ließ, schälte sich aus dem Brummen, Sägen und Zahnbohrerkreischen der Musik klar und deutlich das Vaterunser heraus, rückwärts aufgenommen, nun aber wieder rückwärts abgespielt, zwei Minus ergeben ein Plus: *Ourfatherwhichartinheavenhallowedbethynamethykin*64**Gd***omcomethywillbedoneinearthasitisinheaven …*

Die meisten von uns waren beeindruckt; nur die zwei Heavy-Metal-Connaisseure aus der letzten Reihe hielten sich demonstrativ die Ohren zu, als müssten sie ihre schwarzen Seelen vor dem Einfluss einer besonders perfiden subliminalen Botschaft schützen. Noch am selben Abend, so erzählte eine Mitkonfirmandin, sollen sie sich beim Älteren der Beiden im Keller getroffen und dem Herr der Fliegen zur Besänftigung eine Gummifledermaus und ein Tetrapak Traubensaft geopfert haben. Ja, angeblich lasen sie danach, um das ketzerische Verhalten unseres Pfarrers wiedergutzumachen, auch noch die Schöpfungsgeschichte rückwärts vor: *ressawmedfuae tbewhcssettogtsiegreddnuefeitredfuaretsinfrawsednureeldnutsü wrawedreeiddnuedrednulemmihttogfuhcsgnafnamA*. Doch davon ging die Welt nicht unter.

Os : Osmium : Schwermetall. Da es bereits in geringen Zusätzen die Festigkeit von Stahl erhöht, wird es traditionell bei der Herstellung von Plattennadeln eingesetzt.

$_{77}$Ir

Und dann, gerade als wir meinten, die Hitze keinen weiteren Tag mehr ertragen zu können, erschien im Westen ein prächtiger Sonnenbogen. In allen Grautönen erglomm er als perfekter Halbkreis über dem kochenden Meer und schien alle Farben aus dem Hochsommerhimmel zu saugen. Wir werteten ihn als Zeichen der Hoffnung und des erneuerten Bundes, und tatsächlich: Nur wenige Augenblicke später, nach vierzig Tagen und Nächten, in denen die Sonne nicht untergegangen war, bewölkte sich der Himmel, und es begann zu regnen. Ich nahm einen letzten Schluck aus der Sonnenmilchflasche und warf das leere Gebinde ins Hafenbecken. Eine Taube tippelte die Kaimauer entlang, spreizte das verdorrte Gefieder, wurde von einer Windböe ergriffen und außer Sichtweite getragen. Ich kniete mich in eine dampfende Pfütze und neigte die Stirn zur Erde. Der Tinnitus in meinen Ohren spielte das Halleluja aus dem *Messias.*

Ir : Iridium : seltenes Übergangsmetall, dessen Verbindungen vielfältig schillern. Daher nach dem griechischen Wort für ‹Regenbogen›, *iris*, benannt.

78Pt

Ich sagte: Ich höre ein fünfgestrichenes Fis. Er sagte: Ich höre Beifallsstürme, ich höre Fußgetrappel, ich höre rauschenden Applaus.

Ich sagte: Ich höre immer noch nur ein fünfgestrichenes Fis. Er sagte: Ich höre das Klimpern von Münzen, ich höre das Rascheln von Scheinen, ich höre das Kratzen von Füllerfederhaltern auf reichlich gedeckten Schecks.

Ich sagte: Ich höre leider weiterhin ausschließlich dieses verdammte fünfgestrichene Fis. Er sagte: Das ist das Klingeln der Kassen, das ist das Kreischen der minderjährigen Fans, das ist der Sturm der Musikgeschichte, ich bringe dich ganz groß raus, Tim. Ich darf doch Tim zu dir sagen, oder? Mein Name spielt keine Rolle, nenn mich einfach deinen Retter und Erlöser, lies nicht das Kleingedruckte und unterschreibe unverzüglich hier.

So bekam ich meinen ersten Plattenvertrag. Und tatsächlich, mein Retter und Erlöser hatte nicht gelogen: Mein erstes Album *Tim Tinnitus spielt Stockhausen* war zwei Wochen lang in den südkoreanischen Klassik-Charts, wurde in ein paar Online-Foren für Neue Musik wohlwollend erwähnt und wird noch heute manchmal im öffentlich-rechtlichen Rundfunk gespielt, in den schwarzblauen Stunden zwischen Nacht und Morgen. Am meisten profitierte von den Früchten meines Erfolgs aber mein Retter und Erlöser: Er sicherte sich die Lizenzrechte an der Aufnahme und verkaufte sie hinter meinem Rücken an die Telekom.

Dort bin ich jetzt Tag und Nacht auf Sendung: Jedes Mal, wenn Sie zum Telefonhörer greifen und versehentlich ein Faxgerät anrufen, hören Sie meinen Tinnitus. Oder genauer gesagt: meine Interpretation des langsamen Satzes aus der Symphonie für Ohrensausen, taubstumme Kastraten und ungeborene Stechmücken von Karl-Heinz Stockhausen. Jedes Mal, wenn Sie dieses hochfrequente Sirren und Pfeifen hören, klingelt bei meinem Retter und Erlöser die Kasse. Er hört das Klimpern von Münzen, er hört das Rascheln von Scheinen, er hört das Kratzen von Füllerfederhaltern auf reichlich gedeckten Schecks. Ich höre ein fünfgestrichenes Fis.

Pt : Platin : grauweißes Übergangsmetall. Wurde Anfang des zwanzigsten Jahrhunderts zum bevorzugten Schmuckwerkstoff und galt als kostbarer als Gold. Die höchste Auszeichnung der deutschen Musikindustrie ist daher seit 1976 nicht mehr die Goldene Schallplatte, sondern eine Scheibe aus Platin.

79Au

Einer meiner Mitschüler, ein ansonsten wohlerzogener Junge aus, wie man so sagt, gutem Haus, pflegte während des Unterrichts über Jahre hinweg mit aufreizender Hingabe, ja sogar mit einer gewissen Laszivität, die wir als Grundschüler noch gar nicht recht zu würdigen wussten, in der Nase zu bohren, wobei es ihm an guten Tagen gelang, den Finger bis zum zweiten Glied, an sehr guten Tagen ihn sogar bis zum Anschlag in seinen gewaltigen, vom vielen Bohren geweiteten Nüstern zu versenken.

Unsere Klassenlehrerin, eine in Würde verhutzelte Dame aus dem ehemaligen Jugoslawien, wusste sich gegen dieses provozierende Verhalten nicht besser zu wehren, als dass sie meinen Mitschüler jedes Mal, wenn er mit der Zeigefingerspitze bis zur Nasennebenhöhle vorgestoßen war, lautstark vor versammelter Klasse fragte, ob er hoffe, *dorrrt oben vielleicht Gold zu finden?* Mit diesem schalen Scherz hatte sie die Lacher stets auf ihrer Seite – bis zu jenem Tag, an dem es meinem Mitschüler, es war kurz vor der großen Pause, nach ausgedehntem Bohren und Popeln tatsächlich gelang, einen etwa erbsengroßen Klumpen hellgelb glänzenden Metalls aus seiner Nase zu Tage zu fördern.

War mein Mitbewohner wegen des Bohrens zuvor belacht und gehänselt worden, so avancierte er nun zum Star der Schule – nicht zuletzt, weil es ihm wenige Tage später gelang, das Kunststück mit einem noch größeren Goldklumpen zu wiederholen. Mit der Zeit brachte er es zu einer solchen Meisterschaft im Nasebohren, dass er die Schule nach der neunten Klasse abbrach und sich mit dem aus den Tiefen seines Schädels geschürften Edelmetall eine, wie man so sagt, goldene

Nase verdiente. Letzteres weiß ich freilich nur vom Hörensagen, nach dem Ende unserer Grundschulzeit habe ich meinen Mitschüler aus den Augen verloren, und er selbst war durch seinen plötzlichen Wohlstand überheblich geworden und mochte mit uns Normalsterblichen, die wir nur Popel in der Nase hatten, nichts mehr zu tun haben.

Jahre später sah ich ihn noch einmal in einer Folge der Sendung *Wetten, dass …?* Seine Nasenlöcher waren inzwischen zu lilienblütengroßen Trichtern geweitet, seine Augen so leer, als hätte er mit jedem Klumpen Gold auch ein Stück seiner Seele aus dem Körper gezogen. Als es ihm auch nach halbstundenlangem Schürfen nicht gelang, mehr als einen Krümel getrocknetes Nasenschleimhautsekret zum Vorschein zu bringen, brach er die Wette den Tränen nahe ab. Vorführeffekt, sagte er entschuldigend, aber das Publikum war verständlicherweise enttäuscht.

Au : Aurum : Gold : reaktionsträges Metall, gilt aufgrund seiner Beständigkeit und Seltenheit als besonders wertvoll. Während es früher vor allem zu Schmuck und Münzen verarbeitet wurde, findet es heute in der Elektronik und in der Zahnmedizin Verwendung.

$_{80}$Hg

Wie sich herausstellte, barg der Körper meines Schulfreunds aber noch ganz andere Bodenschätze. So entdeckte sein Zahnarzt bei einer Routineuntersuchung in einem linken unteren Backenzahn («drei-sieben») eine kleine rötliche Verfärbung, die sich nach kurzer Probebohrung sowie einer von der eilig hinzugezogenen Laborantin vorgenommenen chemischen Analyse als Beginn einer Cinnabarit-Ader entpuppte, die sich über den gesamten Unterkiefer meines Klassenkameraden erstreckte.

Von einem ersten, leisen Aufschrei des Erstaunens abgesehen, gelang es dem Zahnarzt offenbar ausnehmend gut, seine freudige Überraschung vor dem Patienten zu verbergen. Jedenfalls beutete er über mehrere Monate hinweg die mineralische Ader im Gebiss meines Schulfreunds aus und beließ ihn während der gesamten Zeit in dem guten Gl$_{79}$**Au**ben, es handelte sich bei den stundenlangen, maximalinvasiven Maßnahmen um eine dringend notwendige und leider eben außergewöhnlich aufwendige und schmerzhafte Wurzelbehandlung.

Erst als der Zahnarzt – sei es aus Leichtsinn, sei es aus Gier – begann, das Cinnabarit mit Hilfe von Sprengstoff abzubauen und die Backenzähne in kleine Tagebaugruben zu verwandeln, schöpfte mein Schulfreund endlich Verdacht. Die Röntgenaufnahme des Gerichtsmediziners, die auch in mehreren überregionalen Zeitungen abgedruckt war, zeigt eine Reihe vulkanisch aussehender Krater. Daneben, in den noch bruchstückhaft erhaltenen Zähnen, ein verzweigtes System von Gängen, Schächten und Querstollen: ein Gewirr immer feiner werdender Linien, weiß auf schwarz, ziseliert. Wie die

Äste eines abgestorbenen Baums, die, wenn man nachts auf dem Dach eines fahrenden Autos steht und in die Dunkelheit starrt, am Straßenrand im Scheinwerferlicht aufleuchten.

Hg : Hydrargyrum : Quecksilber : das einzige Metall, das bei Normalbedingungen flüssig ist. Wird meist aus dem Mineral Cinnabarit gewonnen und in Legierung mit anderen Metallen als Zahnfüllung verwendet.

$_{81}$Tl

Mein Name bedeutet «der Blühende», aber das ist irreführend: Ich habe noch nie Blüten getragen und bin schon seit Jahrzehnten nicht mehr gewachsen; im Gegenteil, angeblich beginnt ja bereits mit Anfang zwanzig der Verfall. Dabei würde ich gerne weiter gedeihen, zehn oder zwanzig Zentimeter pro Jahr, das ist von der Natur doch nicht zu viel verlangt. Wenn ich jetzt anfinge, könnte ich mit fünfzig Jahren drei Meter groß sein, mit sechzig um die fünf, und im gesetzteren Alter, wenn ich es denn erreichen sollte, so hoch wie ein ausgewachsener Streuobstwiesenbaum. *Bist du aber groß geworden!*, würden die Leute sagen, wenn sie mich nach längerer Zeit wiedersähen, und sie hätten ausnahmsweise recht. Ich würde mich zu ihnen hinunterneigen, ich würde ihnen meine Äste zum Gruß entgegenstrecken, ihre Kinder spielten in meinem Schatten. Jedes Frühjahr würde ich frische Triebe hervorbringen, Blätter, zartrosa Blüten, die sich im Sommer in aromatische Äpfel verwandelten, ich würde meinem Namen alle Ehre machen, ich glaube, ich wäre ein guter Baum. Einen Versuch wäre es jedenfalls wert.

Tl : Thallium : bleiähnliches Metall. Sein Name leitet sich von dem griechischen Wort *thállo*, ‹blühen›, her, da es im Frühling entdeckt wurde. Zudem zeigt es unter dem Spektroskop eine auffällige grüne Spektrallinie.

$_{82}$Pb

Der Cowboy sitzt in der Sonne, den Hut tief im Gesicht.

Was denkt der Cowboy?

Er denkt: Mein Hut steht mir gut.

Meine Verlobte wartet auf mich in Missouri.

Mein Revolver ist geölt, meine Schultern sind locker, meine rechte Hand wird ganz, ganz w$_{18}$**Ar**m und schwer – doch mein Auge ist scharf wie Tabasco. Sollen nur kommen, die Burschen.

Der Cowboy sitzt in der Sonne, den Hut tief im Gesicht, die rechte Schulter ganz, ganz locker.

Was hört der Cowboy?

Er hört das Klavierklimpern aus dem Saloon.

Er hört eine Fliege, die sich vorsichtig auf seinem Hut niederlässt.

Er hört die Zikaden ein Requiem singen.

Er denkt: Mozart.

Er denkt: Viel zu schnell.

Er denkt: Die Zikaden sollten sich mal richtig locker machen. Locker und warm wie der Teig, den meine Verlobte manchmal macht. Sollen nur kommen.

Der Cowboy sitzt in der Sonne, die langsam zu Boden fällt.

Er denkt: Was fliegt denn da?

Es fliegt: Die Sonne langsam zu Boden.

Die Fliege urplötzlich von dannen.

Ein Geier am Horizont.

Auch die Kutsche des Pony Express scheint zu fliegen, die dem Cowboy Nachricht von seiner Verlobten $_{35}$**Br**ingt: Mein Teig ist warm und locker. Ich warte auf dich in Missouri.

Kurze Zeit später fliegt dem Cowboy eine Kugel mitten ins Herz, sein Körper fliegt zu Boden, der Hut von seinem Kopf.

Der Cowboy denkt: Mein Hut. Mein Hut stand mir so gut.

Pb : Plumbum : Blei : giftiges Schwermetall, das aufgrund seiner Dichte traditionell mit dem Tod, aber auch mit der Schwermut assoziiert wird. Wirkt nicht zuletzt in Form von Pistolenkugeln oft tödlich.

83 Bi

Der Professor spürte das Grollen. Noch war es in sicherer Entfernung, wie ein Sommergewitter, das mit Wetterleuchten und Warnschüssen am Horizont anklopft; doch jeden Moment konnte es ausbrechen. Der Professor ließ den Blick über den Seminarraum schweifen und zählte drei Studenten im Tiefschlaf, zwei, die noch wacker gegen Morpheus' Umarmung ankämpften, und fünf weitere, die aus dem Fenster schauten und Schafe zählten. Immerhin herrschte Stille: Die Mobiltelefone waren auf Vibrationsalarm gestellt und die Kabel der iPods so geschickt unter Jacken, Halstüchern und Haaren verlegt, dass man sie nicht sah. Die Studenten von heute waren ja, entgegen landläufiger Meinung, nicht blöd. Aber der Professor auch nicht; und heute waren seine Sinne schärfer denn je.

Durch die geschlossenen Doppelglasfenster hörte der Professor das Rauschen der Ammer, die fünf Stockwerke tiefer und mehr als hundert Meter entfernt hinter dem Seminargebäude verlief. Er roch das Blut aus dem Schlachthof auf der anderen Seite des Bachs, und das, obwohl der Betrieb schon vor Jahren eingestellt worden war und der Name *Schlachthof* inzwischen nur noch eine Kneipe mit angeschlossener Diskothek bezeichnete, die aufgrund ihrer existentialistisch-schlichten Innenausstattung – die Wände weiß gekachelt, eine metallene Schlachtbank als Tresen, zur Beleuchtung hingen Glühbirnen an Fleischhaken – besonders von Studenten jüngeren Semesters geschätzt wurde. Und er hätte es den Aus-dem-Fenster-Guckern sagen können: zweiundvierzig. So viele Schafe weideten am Österberg. Zumindest war das am Morgen noch so gewesen, als der Professor dort joggen gegangen war. Wie er auf diese Zahl kam? Das hätte der Professor nicht sagen können, gezählt hatte er die Schafe nicht. Er wusste es einfach. Ob das allerdings etwas mit dem Biss zu tun hatte, wusste er wiederum nicht. Eine Bewegung riss den Professor aus seinen Gedanken, ein Zucken in der ersten Reihe: Der letzte Hoffnungsträger des Seminars hatte sich ins Reich der Träume verabschiedet. Der Professor hörte wieder das Grollen; es kam aus seiner Brust.

Dass man bei der Lektüre eines Faulkner-Romans einschlief, konnte er ja verstehen: Er selbst hatte einige seiner schönsten Büronickerchen über einer durch Speichelspuren bereits arg strapazierten Ausgabe von *As I Lay Dying* zugebracht – ein Roman, den er insgeheim längst auf den Namen *As I Lay Sleeping* umgetauft hatte. Und für den Fall, dass er abends nicht einschlafen konnte, hatte er neben dem Fläschchen mit Codein, das ihm ein befreundeter Medizinprofessor rezeptfrei besorgte, stets ein Exemplar von *Absalom, Absalom!* auf seinem Nachttisch liegen. Dass man also über Faulkner einschlief, nun gut. Aber dass man bei *seinem Seminar* über Faulkner einschlief, dafür hatte der Professor absolut kein Verständnis; zumal wenn es um ein Thema ging, dem er selbst sieben Jahre seiner wissenschaftlichen Karriere gewidmet hatte, sieben zermürbende, codeingeschwängerte Jahre, deren geistige Frucht, eine mehr als tausendseitige Studie mit dem Titel *«I Am Whatever You Say I Am» – Identitätszuschreibung und Mimikry im US-amerikanischen Roman des 19. und 20. Jahrhunderts*, seit nunmehr drei Jahren ihrer Veröffentlichung harrte.

Das Thema seiner heutigen Sitzung war das *passing* – jenes in zahllosen Romanen des frühen zwanzigsten Jahrhunderts sowie auf den Seiten 560 bis 783 seiner Habilitationsschrift beschriebene Phänomen, dass sich hellhäutige Afroamerikaner als Weiße ausgaben, um in der rassistischen amerikanischen

Gesellschaft überleben zu können. «*Passing* im Sinne von ‹Als-jemand-anderes-Durchgehen›», erklärte der Professor. «Aber eben auch im Sinne von ‹Sterben›» – *to pass away*, dieses Idiom sei den Studentinnen und Studenten ja vielleicht bekannt. Oder? Ja bitte, da hinten? Ein Idiom? Nun, so nenne man …

So hatte der Professor fast eineinhalb Stunden lang auf seine sanft entschlafende Zuhörerschaft eingeredet, bis seine Stimme nur noch ein Bellen und er endlich an jenem Punkt angelangt war, der ihm ein besonderes Anliegen war und der einzige Grund, weshalb er sich überhaupt mit Faulkner beschäftigte. Ein eindrückliches Beispiel für das *passing*, erklärte er heiser, während er zwischen der Fensterfront und der Tür des Seminarraums auf und ab tigerte, finde sich in Faulkners Roman *Light in August*. War die Hauptfigur dieses Buchs, der rastlose Wanderer, Schnapsbrenner und Mörder mit dem Namen Joe Christmas, ein Schwarzer oder ein Weißer? Joes Mutter war bei seiner Geburt gestorben, sein Vater direkt nach der Zeugung ermordet worden – keiner kannte ihn, vielleicht war er ein Afroamerikaner gewesen, vielleicht ein Mexikaner, vielleicht auch nur ein Weißer mit einem dunklen Teint. Wer oder was sein Sohn, der Waisenknabe Joe war, wusste also niemand so genau, nicht einmal Joe selbst – aber das, sagte der Professor, spielte auch keine Rolle, worauf es ankam war, wofür er gehalten wurde: Als unbeschriebenes Blatt wurde er geboren, als Weißer fand er Arbeit in einer Sägemühle, als Schwarzer eine Geliebte, und als Mann ohne Ethnie wurde er schließlich gelyncht.

«Wie ein Tier!», bellte der Professor und schlug mit der rechten Hand auf den Tisch; ein Paukenschlag, ein Donnergrollen, nein, ein Versuch, die Aufmerksamkeit seiner Zuhörer noch einmal an sich zu reißen – und in der Tat, es funktionierte! Der Professor hielt inne und ließ seinen Blick erfreut durch den Raum schnellen, über die hufeisenförmig angeordneten Tische, über die Studentinnen und Studenten dahinter: Die meisten von ihnen würden nie das Examen erreichen, aber im Moment waren sie alle noch hier, aufmerksam gespannt, sie stießen sich verstohlen gegenseitig mit dem Fuß an oder mit dem Ellenbogen in die Seite, Mobiltelefone, deren Displays eben noch unter dem Tisch bearbeitet worden waren, wurden weggesteckt, Kopfhörer durch einen sachten Ruck am Kabel aus Ohren gezerrt wie Stöpsel aus einer Badewanne, gleich, dachte der Professor, läuft der ganze Raum aus.

Er wollte lachen, doch aus seiner Kehle drang ein Knurren, dunkel, tief. Er roch Blut, warm, ganz in der Nähe. Er trat einen Schritt zurück, so dass er mit dem Rücken gegen die Tafel stieß, vierundzwanzig Augenpaare beobachteten ihn dabei – oder, um genauer zu sein, seine rechte Hand. Prüfend griff der Professor mit der Linken nach ihr und erhaschte ein Ende des Wundverbands, das sich gelöst hatte. Er spürte das Brennen wieder, den Pulsschlag in seiner Handfläche, als würde sein Herz in Stößen nach außen getragen. Er spürte den 2Hemdsärmel, der an seiner Haut klebte, spürte das warme Rinnsal, das seinen Unterarm entlanglief, von der Handfläche zum Ellenbogen, und dann zu Boden tropfte. Wie ein Sommerregen, dachte der Professor. Das Grollen in ihm hatte recht behalten. Das Gewitter war da.

Dabei hatte der Tag verlässlich monoton begonnen. Wie jeden Morgen war der Professor um halb acht vom Läuten des Weckers aufgewacht, einer Nachbildung des englischen Parlaments, die den Tag mit Big-Ben-Glockenschlag begrüßte und ihm damit gleich etwas Erhabenes, Edles verlieh. Wie jeden Morgen hatte er seine Frau haarscharf neben den Mund geküsst und dabei an Shakespeare gedacht: *Du Knirps aus Knöt-*

rich, der das Wachstum hemmt! Du Ecker du, du Paternosterkralle! – das war nicht persönlich gemeint, nur eine Assoziation, wie sie bei Literaturwissenschaftlern eben vorkommt. Dann hatte er sich in Jogginghose und Turnschuhe gequält, um die vergangene Nacht aus den Poren zu spülen. Die Aromen des Schlafs waren ihm zutiefst zuwider, wie ihm überhaupt die Nacht als etwas Unanständiges, Schmutziges erschien, das man schnellstmöglich loswerden musste, um unbefleckt in den Tag zu gehen. Er verließ das Haus um sieben Uhr vierzig. Zehn Minuten später sah er die Schafe.

Sie mussten gerade erst auf die Weide gebracht worden sein, jedenfalls konnte der Professor sich nicht erinnern, sie bei seiner Runde am Vortag gesehen zu haben. Kein Schäfer weit und breit; merkwürdig. Der Professor blieb stehen. Nicht, dass er etwas von Schafhaltung verstand: Tiere, zumal solche auf Feld und Flur, bedeuteten ihm nichts, sie waren für ihn eher Accessoires der Landschaft – nicht störend, aber auch nicht notwendig, wie Kinder, Krawattennadeln oder Adverbien, die er seinen Studenten in den Hausarbeiten immer wegstrich. Warum der Professor also seine morgendliche Routine unterbrach, um diese Ansammlung Wolle gewordener Sinnlosigkeit zu betrachten, war ihm in diesem Moment selbst ein Rätsel. Dass ihm der Anblick hüpfender Lämmerschwänze Tränen der Rührung in die Augen trieb – zunächst versuchte er, sie sich als Schweißtropfen zu erklären, aber er war ja gerade erst losgelaufen –, erschien ihm geradezu verwerflich. Dass er dann auch noch in die Hocke ging, um den Hütehund zu streicheln, war ihm schließlich vollends unerklärbar; zumal er gar nicht sicher war, dass es sich überhaupt um den Hütehund handelte, er war mit einem Mal aufgetaucht und zielstrebig auf den Professor zugelaufen. Vielleicht erinnerte er ihn ja an sein erstes und einziges Haustier: Heino, ein

Zwergkaninchen, das seinen Namen der Farbgebung des Fells und seiner Augen verdankte. Vermutlich war es also die Schuld des Kaninchens, dass der Professor Albinos prinzipiell für harmlos hielt; dass ihm die rosaroten Augen des Hundes vertraut und vertrauenswürdig vorgekommen waren, dass er versucht hatte ihn zu streicheln und deshalb nun mit blutender Hand das Treppenhaus der Neuphilologischen Fakultät hinunterrannte, vorbei an Studenten, die ihn scheu grüßten, die rechte Hand unter dem Jackett gegen den Körper gepresst, den blutigen Wundverband hatte er in der erstbesten Toilette entsorgt.

Der Professor verließ das Haus durch den Hinterausgang. Kaum hatte er die Tür zu dem Betonquader hinter sich geschlossen, wurde er ruhiger, mit dankbaren, gierigen Zügen atmete er die warme Schwere der Abendluft. Nur gelegentlich zerrten Windstöße an den Wipfeln der Bäume, eine Wolkendecke wie ein Wolfsfell bedeckte den eben noch blauen Himmel. Zielstrebig ging der Professor in Richtung Brücke.

Die drei kreuzfidelen Kollegen, die gerade vom Parkplatz kamen und mutmaßlich dem Griechen im Grünen zustrebten, witterte der Professor schon, bevor er sie sehen konnte, gleich mussten sie von links um das Gebäude biegen. Entschlossen kletterte er über das Geländer, das den Fußweg vom Bachlauf trennte, rannte die Böschung hinunter und setzte, den Anlauf ausnutzend, mit einem Sprung über die Ammer. Beim Landen musste er sich mit der verletzten Hand abstützen, die Klinge eines Grashalms schnitt ihm ins Fleisch; der Professor sog durch zusammengepresste Zähne die Luft ein. Er hörte drei Beinpaare und duckte sich in den Schatten der Brücke. Das Echo von Worten, unverständlich, danach ein Lachen, übertrumpft von einem Donnerschlag. Wieder Stille. Die Schritte verhallten in der Ferne.

Der Professor kroch an den Rand des Bachlaufs, er musste dringend seine Wunde auswaschen, den Dreck abspülen, er beugte sich über das Wasser. In diesem Moment sah er den Hund wieder. Ungeduldig starrte er ihn an, hechelnd, mit tropfenden Lefzen und heraushängender Zunge, als hätte er den ganzen Tag am Grunde des Bachs auf den Professor gewartet. Trotz des Halbdunkels war kein Zweifel möglich: Der Professor erkannte die Augen, wie Pfennigstücke auf den Lidern eines Toten leuchteten sie im schwarzen Spiegel des Wassers. Er streckte die Hand aus und strich dem Hund über die feuchte Schnauze – diesmal biss der Hund nicht zu, sondern verschwand in einer Prozession kleiner Wellen. Die Kühle tat dem Professor gut, er brummte behaglich, während er seine pochende Hand in das Wasser tauchte. Erst ein Donnerschlag erinnerte ihn wieder an seine Aufgabe.

Die ersten Regentropfen sprenkelten bereits den Asphalt, als der Professor am Schlachthof vorbeihetzte und nach links in den Heideweg bog. Der Weg stieg an, wurde steiler; wieder spürte der Professor das Pulsieren in seiner Hand, wie ein schneller werdendes Uhrwerk, als wäre alles, was ihn noch antrieb, diese Wunde. Der süßliche Duft, der ihr entstieg, war überwältigend, der Professor musste seine Nase in das offene Fleisch tunken. Er schnupperte, atmete Blut, zäh lief ihm die Flüssigkeit den Gaumen hinunter. Der Professor hustete, schluckte, leckte sich die Lippen, dann stülpte er gierig den Mund über die Wunde.

Als er wenig später aufs offene Feld gelangte, war er vom Regen durchnässt. Er blieb stehen, schüttelte Kopf und Oberkörper und sah sich um: Außer ihm war niemand unterwegs, wie plastiniert lag die Stadt auf der anderen 34Seite des Tals, die nassen Ziegel der Hausdächer leuchteten unter jedem Blitzstrahl matt auf. Er wandte sich wieder dem Österberg zu. Nur wenige hundert Meter von ihm entfernt, im Windschatten einer Mulde, bewegte sich etwas Weißes.

Der Professor stieß einen heiseren Schrei aus und rannte auf die Herde zu. Als er näher kam, konnte er einzelne Tiere unterscheiden: Ein Junges drängte sich an seine Mutter; ein Jährling blökte ihn an und begann hangaufwärts zu fliehen; drei ältere Schafe beäugten ihn misstrauisch, aber ohne Zeichen von Furcht. Instinktiv umrundete der Professor die Herde, einmal, zweimal, in enger werdenden Schlaufen, bis alle Tiere beisammenstanden und er sich sicher war, dass keines von ihnen fehlte. Zufrieden blieb er einige Meter abseits der Herde stehen. Er reckte die Nase in die Luft, ließ noch einmal den Kopf schweifen, dann drehte er sich zweimal im Kreis. Er ging langsam in die Knie, streckte sich der Länge nach bäuchlings aus und legte den Kopf auf die gefalteten Hände.

In dieser Haltung fanden ihn am nächsten Morgen drei Studenten, die auf dem Weg zur Vorlesung waren. Wie ein Toter sei er da auf der Wiese gelegen, erzählten sie abends im Schlachthof jedem, der es hören wollte, blutüberströmt und bewegungslos, brutal. Wie ein Zigeuner habe er ausgesehen, gaben die zwei hinzugezogenen Polizisten zu Protokoll, nachdem sie den Professor aufs Revier gebracht und erkennungsdienstlich behandelt hatten. Wie ein dreckiger Penner, sagte seine Frau, und die Nachbarn, und die Lokalzeitung, eine Schande. Aber dem Professor war es egal, wofür die Leute ihn hielten. Sollten sie sagen, was sie wollten. Er wusste, wer er war.

Bi : Bismut : frühere Bezeichnung Wismut : sprödes, hitzeresistentes Metall. Sein Name bedeutet ursprünglich ‹auf den Wiesen gemutet›, also abgebaut. Möglicherweise kommt er aber auch von dem Begriff *wis(se) mat*, ‹weiße Masse›.

$_{84}$Po

Die Boeing B-29 Superfortress ist ein Vogel aus der Familie der Falkenartigen, der allerdings seit Mitte des vergangenen Jahrhunderts ausgestorben ist. Die Flugsilhouette der Tiere weist lange, fast rechteckige Flügel auf, meist ohne Fingerung, wie sie für andere Greifvögel typisch ist. Der Kopf ist gedrungen und verglast, der Schnabel zurückgebildet, das Gefieder ist silbern glänzend. Im Unterschied zu anderen Greifvögeln wie etwa den Habichtartigen, die ihre Beute mit den Fängen töten, benutzt die Boeing B-29 Superfortress zur Jagd ihre Eier, die sie aus großer Höhe über der Beute abwirft. Die Jungvögel schlüpfen in der Luft, meist mehrere hundert Meter über dem Erdboden. Sie können ein Gewicht von bis zu fünf Tonnen haben und entwickeln beim Schlüpfvorgang eine Hitzestrahlung von mehreren tausend Grad. Die Jungvögel sind sofort tot, ebenso die meisten anderen Lebewesen, die sich in ihrem $_{92}$**U**mkreis aufhalten.

Po : Polonium : radioaktives Metall, diente in Kombination mit Beryllium als Zünder für die ersten Atombomben. Der Pilot, der die Bombe über Hiroshima abwarf, benannte die von ihm kommandierte Boeing B-29 nach seiner Mutter. Die Bombe selbst wurde als *Little Boy* bezeichnet.

85At

Gott hat euch einander anvertraut. Wollt ihr einander lieben und ehren, Freude und Leid miteinander teilen und einander die Treue halten, bis der Tod euch scheidet, so antwortet gemeinsam: Ja, mit Gottes Hilfe. Gott at euh einnder nverraut. ollt hr eiande liebn und hren, reud und Lid mieinader tilen nd eiande die Teue hlten, is de Tod ech sceide, so anwortt geminsa: Ja, mi Gotts Hile. Gott t euh inndr nveraut. llt h eiane lien und ren, rud un Lid meinaer tien nd iand die Tue hlen, is e Tod ch scide, s anwott geinsa: a, mi Gtts Hle. Gott euh indr nerau. llt h iane ien ud ren, ud un id menaer ien n iand ie Tu hlen, s e To ch scde, s awott eins: a, mi Gts Hl. Gott uh inr neru. llt iane en ud en, ud n id mnaer en n ind ie u hle, s e To h scd, s awot ein: a, mi Gs Hl. Gott h inr eru. lt ian en ud n, ud n d mnar en n nd ie hle, s To h sd, s awt ein: , mi Gs l. Gott inr eu. lt in en u n, ud n mnar n n nd e hle, To h s, s awt in: , mi s l. Gott nr eu. t in e u n, ud mnar n nd e le, To s, s aw in: , mi l. Gott r eu. t n e u n, d mna n nd e e, To s, aw in: , i l. Gott **63Eu**. t n u n, d ma n nd e, To s, w in: , i . Gott u. t n u , d ma n d e, To , w in: , i . Gott . t n u , d a n d e, o , w in: , . Gott . n u , d a d e, o , w n: , . Gott . u , d a d , o , w n: , . Gott . , d a d , o, n: , . Gott . , a d , o, n: , . Gott . , d , o, n: , . Gott . , , o , n: , . Gott . , , , n: , . Gott . , , , : , .

At : Astat : radioaktives Halogen, von dem keine stabilen Isotope existieren. Sein Name leitet sich von dem griechischen Wort *astatos*, ‹unbeständig›, her.

$_{86}$Rn

Hören Sie das?

Was?

Dieses Klopfen. Tock, tock, tock. Wie ein Geigerzähler.

Das ist meine biologische Uhr. Wenn sie so hämmert, heißt das, dass meine Zeit bald abgelaufen ist. Kommen Sie, schnell! Machen Sie mich zur Frau!

Na, entschuldigen Sie mal. Erstens sind Sie ganz unverkennbar ein Mann. Oder vielleicht auch ein Hund. Oder ein Schafbock. Egal, denn zweitens, und das scheint mir in diesem Fall das entscheidende Kriterium zu sein, befinden wir uns in einem Flugzeug. Jeden Augenblick könnte die Stewardess vorbeikommen und uns ein Tütchen mit Erdnüssen anbieten.

Sie haben recht. Außerdem habe ich gelogen. Meine biologische Uhr ist gar nicht aufgezogen.

Aber wie erklären Sie sich dann das Klopfen?

Schauen Sie mal aus dem Fenster. Sehen Sie den Specht, der auf der Tragfläche sitzt und einen Wurm aus der Triebwerkverschalung zerrt? Ich wette, der war es.

Ich glaube, Sie haben recht. Sie sind ja ein Genie!

So weit würde ich nicht gehen. Ich habe mich immer eher als eine Art Gott verstanden.

Und wie erklären Sie sich, dass in unserem Flugzeug der Wurm drin ist?

Das kommt davon, wenn man diese Dinger aus $_{67}$**Ho***lz baut.*

Ich glaube, Sie haben recht. Sie sind ja ein Gott! Aber … wenn unsere Maschine aus Holz ist, wie kann sie dann überhaupt fliegen?

Sie fliegt ja gar nicht. Haben Sie nicht gemerkt, dass wir schon seit Wochen auf dem offenen Meer treiben?

Nein. Ich merke offen gestanden gar nichts. Ich bin blind für solche Oberflächenphänomene, ich sehe nur das Wesen der Dinge.

Da verpassen Sie aber was. Zum Beispiel die Störche, die nach Norden ziehen; die Flugzeugschwärme am Himmel; oder den majestätischen Anblick der Sonne, die gerade ins Meer fällt. In solchen Augenblicken möchte ich singen! (Singt:) Wenn ich ein Vöglein wär' und auch zwei Flüglein hätt' – flög' ich zu Ihnen, setzte mich auf Ihren Brustkorb und hackte mit meinem scharfkantigen Schnabel Ihr hartes Herz auf.

Jetzt gehen Sie aber zu weit. Meine Leber können Sie haben. Oder meine Niere. Oder meine Milz, von der weiß ich ohnehin nicht, wozu sie eigentlich gut ist. Aber mein Herz, mein Herr, gehört mir!

Rn : Radon : kurzlebiges Edelgas, dessen Isotope alle radioaktiv sind. Hat am natürlichen Strahlungsaufkommen auf der Erde den größten Anteil, die durchschnittliche Radonbelastung beträgt etwas über ein Millisievert pro Jahr. Die maximale jährliche Strahlendosis für Flugbegleiter liegt in Deutschland bei zwanzig Millisievert.

$_{87}$Fr

Als ich die Wohnungstür öffnete, sprang mir anstatt der Katze ein Schweigen entgegen.

Ich folgte ihm, wie man einen Geräuschherd sucht, bis ich den leisesten Ort in der Wohnung, die Quelle der Stille gefunden hatte: Unter dem Heizkörper im Wohnzimmer, die rechte Tatze nach vorne gespreizt, lag die Katze, als wollte sie sich für immer strecken. Als ich ihren erkalteten Körper in die Arme nahm, entfuhr ihm ein leiser Seufzer; unter dem halbgeöffneten Maul glänzte eine Wasserlache, als wäre dort ihre Seele ausgelaufen.

Ich legte die Katze zurück auf den Boden, ging in die Küche und kehrte mit einer Plastiktüte wieder. Ich hievte den starren Kadaver hinein, wischte mit einem Lappen die Seele auf, wusch mir die Hände und machte mich auf den Weg zum Tierarzt.

Als ich die Praxis betrat, fielen die Blicke der Wartenden zuerst auf die ausgebeulte Tüte in meiner Hand, dann auf mich, vorwurfsvoll, böse, als brächte ich nicht ein verstorbenes Tier, sondern allererst die Möglichkeit des Todes in die Praxis.

«Sie kommen, um Ihre Katze abzuliefern?», fragte die Sprechstundenhilfe, während die anderen Tierhalter wieder auf den Boden starrten, so taten, als würden sie uns nicht hören, und ihre ›Lieblinge fester umfassten. Ich bejahte, lieferte ab, bezahlte, und ich glaube, um ein Haar hätte mir die Sprechstundenhilfe kondoliert.

«Kommt die Katze wieder?», fragte meine Tochter, als ich mit leeren Händen nach Hause kam.

«Nein», sagte ich, «die Katze ist gestorben.»

«Ja», sagte meine Tochter. «Aber wenn sie nicht mehr gestorben ist, dann kommt sie vielleicht wieder.»

«Ja», sagte ich. «Nein», sagte ich. «Vielleicht.»

Fr : Francium: äußerst kurzlebiges radioaktives Metall. In Erwin Schrödingers berühmtem Gedankenexperiment zur Quantenmechanik befindet sich eine Katze mit einem solch instabilen Atomkern und einem Kolben voll Gift in einem geschlossenen Raum: Wenn der Atomkern zerfällt, wird das Gift freigesetzt und die Katze getötet. Da sich allerdings der genaue Zerfallszeitpunkt nicht bestimmen lässt, ist die Katze, solange der Raum geschlossen bleibt, gleichermaßen lebendig und tot.

$_{88}$Ra

Als ich das Schlafzimmer betrete, sehe ich als Erstes ihre Lippen. Sie schweben eine Handbreit über dem Kopfkissen, schimmern grünlich, strahlen wie das Leuchtorgan eines Tiefseefischs. Ich ziehe behutsam die Schuhe aus, lege Hemd und Hose auf den Stuhl neben dem Bett und mich auf den schlummernden Körper. Er regt sich, irgendwo zuckt eine Flosse, dann teilt sich der Leib in zwei Hälften. Ich lasse meine Zunge treiben, sinke in die Tiefe, schnappe nach Luft. Ein halbes Jahr später gebärt meine Frau einen Fisch; bevor sie im Dunkel verschwindet, l$_{63}$**Eu**chtet sie ein letztes Mal auf, es strahlen ihre Kiefer, ihre Kehle, ihre Knochen.

Ra : Radium : radioaktives Element, das als Leuchtfarbe auf Uhrenzifferblättern verwendet wird. Anfang des zwanzigsten Jahrhunderts erkrankten in den USA zahlreiche Zifferblattmalerinnen an Lippen- und Zungenkrebs, da sie bei der Arbeit ihre radiumgetränkten Pinsel mit dem Mund befeuchtet hatten, um sie in Form zu bringen. Mehrere dieser *radium girls* starben an den Folgen, manche hatten Totgeburten.

$_{89}$Ac

Als dem fliegenden Priester k$_{57}$Lar wurde, dass seine sterbliche Hülle zwar zum Erdball zurückkehren mochte, seine Seele aber wahrscheinlich in der Troposphäre verbleiben und von dort aus direkt in den Himmel aufsteigen würde, sah er in der Ferne etwas aufblitzen. Einen Lichtpunkt. Die Reflektion eines silbernen Leibs in der Sonne.

Der Priester kniff die Augen zusammen und blickte in Richtung des Hoffnungsschimmers: Er kam näher, blinkte wieder, zog einen weißen Schweif hinter sich her, bis der Priester überzeugt war: Gott hatte, wenn schon keinen Engel, so doch immerhin ein irdisches Flugobjekt geschickt, um ihn zu retten.

Er hob die rechte Hand von der Lehne seines Sitzgestells und winkte dem Flugzeug mit erstarrten Fingern zu. Nichts passierte. Er hob die andere Hand und winkte wieder, er schrie aus vollem Hals, ein Schiffbrüchiger im Wolkenmeer. Keine Reaktion.

Und was hätte der Kapitän, wenn er den Priester denn sah, auch tun sollen? Anders als ein Schiff, konnte ein Flugzeug ja nicht während der Fahrt anhalten und einen in Not geratenen Abenteurer an Bord nehmen. Der fliegende Priester sah dem Flugzeug hinterher, bis nur noch der Kondensstreifen seiner Triebwerke zu sehen war. Die Grenze zwischen hier und dort, dachte er. Ein Zeitstrahl, der in die Unendlichkeit führt; der Bruchstrich zwischen Himmel und Erde.

Ac : Actinium : silberglänzendes Metall. Sein Name ist von dem griechischen Wort *aktinos*, ‹Strahl›, abgeleitet.

$_{90}$Th

Mein Hausarzt hat einen Hammer. Einen kleinen, silbernen Reflexhammer, er lässt ihn locker zwischen Daumen und Zeigefinger pendeln, rhythmisch, schnell, so dass es aussieht, als wäre der Hammer elastisch. Mit einem Nicken bedeutet er mir, ich möge Platz auf der Behandlungsliege nehmen. Ich setze mich, meine Beine baumeln über dem Boden.

«Ganz locker», murmelt mein Hausarzt. Dann schlägt er mit einer blitzschnellen Bewegung gegen d$_{33}$As Sehnenbündel unterhalb meiner Kniescheibe. Ich weiß, ich müsste jetzt eigentlich mit dem Bein zucken, mein Unterschenkel müsste unwillkürlich emporschnellen, aber nichts passiert, keine Reaktion.

Mein Hausarzt pfeift durch die Zähne; ein kurzer, undefinierbarer Laut, ich weiß nicht, ob er Verachtung oder Anerkennung zum Ausdruck bringen soll. Mit einer Handbewegung bedeutet er mir, sitzen zu bleiben, und verlässt das Behandlungszimmer. Ich betrachte die medizinischen Schautafeln and der Wand. Warum hängen dort ausschließlich Darstellungen von Augäpfeln? Und warum ist um jede Pupille eine Reihe konzentrischer Kreise gemalt, als handelte es sich nicht um Augen, sondern um Zielscheiben?

Bevor ich aufstehen und die Schautafeln näher betrachten kann, kommt mein Hausarzt zurück, er hält jetzt einen Zimmermannshammer in der Hand. Er weist mich an, ganz stillzuhalten; wenn ich stillhalte, flüstert er, werde mir nichts passieren. Ich mache die Augen zu, halte mich mit beiden Händen am Rand der Behandlungsliege fest und die Luft an. Ich bilde mir ein, das Rauschen seines frisch gestärkten weißen Kittels zu hören, während mein Hausarzt zum Schlag ausholt. $_{8}$Oder das Flattern eines Flügels? Ein stechender Schmerz durchzuckt mein rechtes Bein, für einen Moment wird mir schwarz vor Augen.

Als meine Sinne zurückkehren, steht mein Hausarzt mit großen Augen über mich gebeugt, Schweißperlen auf seiner Stirn. Er schwankt vor Erschöpfung, die Hand mit dem Hammer hängt schlaff an seiner Seite. Wieder pfeift er durch die Zähne, diesmal erkennbar unwirsch, und schüttelt tadelnd den Kopf. Die Handbewegung, die Schritte, die Tür. Einige der Schautafeln an der Wand, so scheint es mir, haben kleine kreisrunde Löcher. Einschusslöcher? Oder doch eher Holzwürmer? Ein schabendes Geräusch aus dem Flur unterbricht meine Gedanken. Ein Poltern gegen die Tür, sie öffnet sich.

Mein Hausarzt tritt rückwärts ins Zimmer, er schleppt etwas Schweres hinter sich her, zum Ziehen benötigt er beide Hände. Als er sich umdreht, sehe ich, dass er einen Vorschlaghammer dabei hat: der Holzgriff kinderarmdick, der Kopf so groß wie ein Wackerstein. Mit einer geübten Fußbewegung tritt er die Tür ins Schloss, schleift das Werkzeug durch den Raum und bleibt schwer atmend vor der Behandlungsliege stehen. Mein Hausarzt ist ein Mann in den besten Jahren, aber den Hammer hochzuheben, erfordert seine ganze Kraft. «Bleiben Sie ganz ruhig», keucht er, während er mit ihm zum Schlag ausholt. «Es wird jetzt gleich ein b$_{53}$Isschen wehtun.»

Th : Thorium : radioaktives Metall. Nach dem Donnergott Thor benannt, der der germanischen Mythologie zufolge stets einen Hammer bei sich führt.

$_{91}$Pa

Nur noch ganz kurz, ja?

Nur noch einen Moment. Nur noch eine Zigarettenlänge. Nur bis ich fertig gegessen habe. Nur bis ich ausgetrunken habe. Nur ein kleines Gläschen noch. Nur zwei Finger hoch. Nur eine Handbreit. Nur ein winziger Schluck.

Nur noch eine Minute. Nur noch eine Sekunde. Nu$_{86}$**R** noch ein Tick und ein Tock und ein Tick und ein Tock und ein Tick und ein Tock und ein Hut und ein Stock und ein Regenschirm. Denn es sieht nach schlechtem Wetter aus.

Es sieht nach Niederschlag aus, nach Schnee, Graupel, Hagel, Sturm, nach Böen aus nordwestlicher Richtung und streckenweise Glatteis. Also bleiben wir lieber noch hier.

Nur bis sich das Wetter gebessert hat. Nur bis die Sonne wieder scheint. Nur bis die Krokusse wieder blühen. Nur bis die Störche zurückkommen. Nur bis zum nächsten Sommer.

Nur bis zu den Hundstagen, bis zur Rosskälte, bis zur Schweinebucht, bis zum Großen Bären, drei Millionen Lichtjahre, das ist nur ein Katzensprung, nur ein Krähenfuß, nur ein Pferdekuss, nur ein Missgeschick, nur ein Augenblick, nur ein Atemzug, nur ein Selbstbetrug, nur ein Schlussakkord, nur ein letztes Wort, nur um am Ende zu sagen:

Nur noch ganz kurz, ja?

Pa : Protactinium : radioaktives Metall, von dem weltweit ungefähr hundertfünfundzwanzig Gramm existieren. Da das erste nachgewiesene Isotop dieses Elements nur eine Halbwertszeit von etwa einer Minute hat, wurde es zunächst Brevium, ‹das Kurze›, genannt.

$_{92}$**U**

Einszweid
reivierf
ünfsec
$_{1}$**H**ssie
benac
htneu
nzeh
nhun
derta
chtu
nddr
eis
si
g

U : Uran : radioaktives Metall. Erstmals 1938 von Otto Hahn und Fritz Straßmann gespalten. Dieses Ereignis gilt als Beginn des Atomzeitalters – und vielen daher als der Anfang vom

Ende

Nachwort

Die Idee, einen literarischen Text in Analogie zu den chemischen Elementen zu entwickeln, ist nicht neu. Schon Goethe wählte für seinen Roman *Wahlverwandtschaften* als Titel einen Begriff aus der Chemie und ließ seine Figuren wie Elemente in einer Versuchsanordnung miteinander reagieren. Der studierte Chemiker Primo Levi gab den Kapiteln seines autobiographischen Romans *Das periodische System* Elementnamen und schrieb, dass «das Periodische System von Mendelejew [...] Poesie sei, erhabener und feierlicher als alle Poesie, die wir in der Schule bewältigt hatten». Und die preisgekrönte amerikanische Fernsehserie *Breaking Bad* demonstrierte, wie sich ein braver Chemielehrer unter bestimmten Bedingungen in einen Schwerverbrecher verwandeln kann: Chemie, sagt der Protagonist Walter White, ist die Lehre von den Verwandlungen.

Im Gegensatz zu Goethe, Levi und White sind meine naturwissenschaftlichen Kenntnisse äußerst gering. Als ich in den letzten Jahren meiner Schulzeit die Möglichkeit hatte, bestimmte Fächer abzuwählen, strich ich als erstes Chemie und Physik aus meinem Stundenplan. Mein bescheidenes Wissen über die Elemente verdanke ich im Wesentlichen dem eminent lesenswerten *Periodic Tales: The Curious Lives of the Elements* von Hugh Aldersey-Williams sowie den Büchern *Die Welt der Elemente – Die Elemente der Welt* von Hans-Jürgen Quadbeck-Seeger und *The Disappearing Spoon* von Sam Kean.

Dennoch übte das periodische System der Elemente eine enorme Faszination auf mich aus. Da waren zum einen die Abkürzungen für die Elementnamen: ein oder zwei schlichte Lettern, hinter denen sich gleichwohl die Grundbausteine unseres Universums versteckten. Zum anderen war da die mysteriöse Anordnung dieser Zeichen, die, obwohl es sich eindeutig um lateinische Buchstaben handelte, keinem mir bekannten System folgte. War es möglich, sie in eine andere, mir verständlichere, das heißt: literarische Ordnung zu bringen? Welche Elemente hatten in meinem bisherigen Leben eine Rolle gespielt? Welche Geschichten mochten sich hinter anderen, von denen ich noch nie gehört hatte, verbergen? Und wie würden die einzelnen Textelemente miteinander reagieren?

Mit dieser Herangehensweise steht das vorliegende Buch sehr viel näher an der 'Pataphysik, jener von dem Dichter Alfred Jarry begründeten ‹Wissenschaft von den imaginären Lösungen›, als an den Methoden der exakten Naturwissenschaften. Sein Prinzip, durch formale Beschränkungen nach einer Erweiterung der sprachlichen Möglichkeiten zu streben, verdankt sich eher den Versuchen der ‹Werkstatt für potentielle Literatur› Oulipo als den Forschungen eines chemischen oder physikalischen Labors. Seine fertige Form verdankt es der unschätzbaren Hilfe von Tobias Bungter, Wiebke Drenckhan, Svenja Flaßpöhler und Mariana Leky. Alle Fehler verdankt das Buch mir.

Der Wurm in Episode ₇**N** stammt aus dem «Apfel» von Reinhard Döhl und der größte Teil von $_{35}$**Br** von Franz Kafka. $_{14}$**Si** enthält eine Idee von Wolfram Eilenberger, $_{64}$**Gd** eine satanische Botschaft von Leonard Cohen und $_{89}$**Ac** ein Sample aus dem Gedicht «Kondensstreifen am Himmel» von Thilo Schmid.

1 2 3 4 5 18 17 16 15 14

Herstellung: Andrea Mogwitz und Rainald Schwarz
Satz: Satz für Satz. Barbara Reischmann
Druck und Bindung: Friedrich Pustet
ISBN 978-3-312-00634-2
Printed in Germany

FSC
www.fsc.org
MIX
Papier aus verantwortungsvollen Quellen
FSC® C014889